最新修订版

成 功 之 路

永不失败的成功定律

NEVERSAYNEVER

本书编写组◎编

世界图书出版公司
广州·上海·西安·北京

图书在版编目（CIP）数据

永不失败的成功定律/《永不失败的成功定律》编写
组编．—广州：广东世界图书出版公司，2009.11（2022.3 重印）
ISBN 978－7－5100－1252－5

Ⅰ．永… Ⅱ．永… Ⅲ．成功心理学－青少年读物 Ⅳ.
B848．4－49

中国版本图书馆 CIP 数据核字（2009）第 204813 号

书　　名　永不失败的成功定律
　　　　　YONGBU SHIBAI DE CHENGGONG DINGLÜ
编　　者　《永不失败的成功定律》编写组
责任编辑　韩海霞
装帧设计　三棵树设计工作组
责任技编　刘上锦　余坤泽
出版发行　世界图书出版有限公司　世界图书出版广东有限公司
地　　址　广州市海珠区新港西路大江冲 25 号
邮　　编　510300
电　　话　020-84451969　84453623
网　　址　http://www.gdst.com.cn
邮　　箱　wpc_gdst@163.com
经　　销　新华书店
印　　刷　三河市人民印务有限公司
开　　本　787mm×1092mm　1/16
印　　张　10
字　　数　120 千字
版　　次　2009 年 11 月第 1 版　2022 年 3 月第 11 次印刷
国际书号　ISBN　978-7-5100-1252-5
定　　价　38.00 元

序

激励你前进的积极人生观

在人生舞台上，为什么有些人可以梦想成真，春风得意，而有些人却一事无成，碌碌无为呢？为什么有些人成为意气风发的成功者，而有些人却是悲观消沉的失败者？其实成功并不是只垂青于那些幸运儿。本书作者克里蒙特·斯通以100美元起家，到拥资4亿美元，他所走过的成功之路向世人证明了：只要用积极的人生观不断激励自己，找到正确的方法诀窍，并结合实践行动，那么人人都可以获得成功。

克里蒙特·斯通的一生颇具传奇色彩。他16岁开始帮母亲推销保险，从第一天只卖出2份的惨淡，到后来一天卖出122份的创世纪录，斯通在自己推销保险的生涯中摸索出的成功定律，不仅使他自己成为亿万富翁，还激励并引导了无数人成功致富。

斯通的经营之道和冒险精神使他获得了巨大的成功，拥有了可观的财富，但他更为得意的是他的思想和信念。斯通相信自己可以指引人们如何成功致富，他一生都在努力推广"积极人生观"这一引领他走向成功的方法。他的巡回各地的有关"成功之道"的演讲场场爆满，他所主编的杂志《成功无限》也发行甚广，深受读者好评。这就是斯通所倡导的成功定律具有的巨大魔力，这个被世人称为"永不失败的成功定律"让众多原本无望成功的人获益匪浅。

失败者总是喜欢这样自言自语："我要不是这个样子，就好了！"成功者却说："正因为我是这个样子，我一定能成功！"事实上，每个人之所以是他自己而不是别人，是因为占据他内心的人生观是得到他自己赞同的，而人生观决定了我们的将来。斯通认为，每一个梦想成功的人，不一定要仰仗机缘、好运来达成个人的成就，只要用积极的人生观激励自己前行，就可以营造自己渴望的生活，甚至比想象中的更加美好。

我们都希望自己的能力获得肯定，但是有些人还没有行动就感到困难重重，他们没有明确的目标、具体的实施计划，更缺乏冲破难关的勇气，因而举步维艰。而从斯通的创业史里，我们可以看出，斯通之所以能将只有他一个人的保险经济社，创建成一个巨大的保险王国，关键在于他能够始终保持积极进取的心态，无论环境多么艰苦，他都能化不利为有利，找出使自己前进的方法诀窍，绝不轻易放弃对更高目标的追求。

成功之路犹如一条结冰的河，害怕失败者总是集中精力考虑如何避免失败，而不是着重思考如何越过这条结冰的河。他们战战兢兢、小心翼翼地往前走，每走一步都仔细试探冰面厚薄，谨小慎微，每一步、每一刻都担心自己会掉下去。倘若不小心失足落水，他们会责怪自己太笨，冰面太薄，而且由于担心再次落水而越发胆小，终于不敢再往前走，只好认输，为自己的失败寻找借口或是抱怨自己命运不好。而争取成功者在行动之前，会仔细研究有关冰层的问题，小心谨慎，事先做好准备，并避免盲目和急躁。他们集中注意力考虑怎样走过河面，而不去想掉进冰水里的可怕情景，他们知道随时都有可能落水，但并不因为有风险而担忧、害怕。他们把握时机，奋勇向前，万一不幸落水，会立即摆脱困境，吸取失败的教训。他们每经历一次挫折，都会增添一份自信和勇气，最终他们必将凭借自己的力量获得胜利。

任何渴望有一番成就的人，都不要小看自己，要相信自己有能力渡过一切难关。不管你从事哪种行业，位居何职，你都可以将自己的工作做得更好，从中获得满足。克里蒙特·斯通的成功经验告诉我们，充分的自信和乐观进取的雄心，足以使我们排除一切障碍、所向无敌。

成功的境遇是由自己开创的。克里蒙特·斯通的保险王国之所以能在美国经济萧条时期仍然屹立不倒，正是因为有了这一"永不失败的成功定律"的支撑。此外，克里蒙特·斯通还发明了"引导指示器"以预测业绩前景，并根据"周期循环"的原则，利用新形势创造新机遇，这些都是值得每一个希望获得成功的人借鉴和学习的。

钢琴家不必思考如何移动手指，他们一坐到钢琴前，动听的音乐自然会源源而生。你也可以像钢琴家熟悉琴键一样，将"积极人生观"自然而然地融入到自己的意识中。只要你能遵循本书所示的克里蒙特·斯通的成功定律，完全吸收书中的内容，使其成为你精神活动的一部分，那么你将会得到一股神奇的力量，指引你走向成功。

结合切身实际付诸行动吧，你会获得意想不到的收获！

过去的就让它过去，昨天所犯下的错误，不管现在如何悔恨都于事无补，然而你有能力让你的明天和你的未来变得更加美好。将来的一切，只有自己才能把握。所以，与其懊恼过去，不如从现在开始，以积极的人生观来策划生活，你会在最短的时间内花费最少的精力，找到打开财富城堡的钥匙，并实现自己的成功蓝图，享受到真正丰富的生活。

你不必再等待了，"永不失败的成功定律"将点燃你生命的火花，激发你的潜能，唤醒你真实的自我，让你成为自己命运的主宰。一旦拥有了这张常胜的王牌，你将会发现成功不再为少数人所独享，你也可以成功！

编　者

目　录

目
录

第一章　你能改变自己的世界

> 对于现状有不满之处，应立即设法改善。墨守成规，毫无创新的思维模式只能使你的世界停滞不前。
>
> ——卢　梭
>
> 改变一个人的人生观往往像改变一个人的鼻子那样困难——它们都处在核心地位，一个处在脸的中央，一个处在性格中心。
>
> ——亨利·詹姆斯

一个人一生的成败，人生观要起很大的作用。积极的人生观可以使你满怀信心地看人看事，大有作为，前途无量；而消极的人生观则使你怨天尤人，鼠目寸光，不思进取。如果在前进的道路上你经常往坏的方面想，那么你将错失许多"成功的机会"。相反地，若是你一直往好的方面去思考，你就会挖掘出许多意想不到的机会。要想取得成就，要想登上成功的顶峰，就要完全依靠自己。正如克里蒙特·斯通所说："你是你的遗传、环境、身体、意识、思想、经验，以及当时当地的特殊环境和观念的产物……你有力量去影响、使用、控制或协调这些力量。你也可以指导你的思想、控制你的情绪以及改变你的命运。"

一旦你的脑子里有了坚定的信念，在任何情况下，你都能保持一种积极进取的心态，就没有任何东西能够阻止你驾驶自己的创业之舟，扬帆远航，因为选择就在你自己的手中。不管是在现有的工作中，还是在新的工作中，你都能够成为佼佼者；不管是实现既定目标，还是迈向新的起点，你都能有所成就。只要你相信你能改变自己的世界，你的人生就完全掌握在你自己的手中。

成功定律的钥匙

克里蒙特·斯通 6 岁时，就开始在民风强悍的芝加哥南部卖报纸以维持生计。当时比他大的孩子已经占据了人潮最多的街角，叫卖声很大，而且还紧握着拳头威胁他。在那段灰暗的日子里，斯通最想去卖报的地方是胡乐饭店，因为它的生意很好，客人很多。但对于一个6岁的孩子来说，还真有点勉为其难，尽管斯通非常紧张，但他还是很快地走进去，并很幸运地在第一张桌子旁卖出一份报纸。之后，在第二张和第三张桌子上吃饭的客人，也都向他买了报纸。就在他走向第四张桌子的时候，胡乐先生把他赶出了饭店的大门。

由于斯通已经卖出了三份报纸，销路实在很好。因此，趁胡乐先生不注意的时候，斯通又溜进饭店大门，走向第四桌的客人。那位和气的客人显然很喜欢他不屈不挠的精神，在胡乐先生还来不及把斯通推出去之前他付了报纸钱，还多给了一毛小费。被赶出饭店的斯通想到他已经卖出了四份报纸，还得了一毛钱"奖金"，便又走进饭店，开始卖报。饭店里发出了哄堂大笑，客人们似乎都喜欢看斯通和胡乐先生玩捉迷藏。当胡乐先生再次向斯通走来的时候，一位客人开口说："让他在这里好了。"5分钟后，斯通卖完了所有的报纸。

第二天晚上斯通又走进了那家饭店，而胡乐先生再次领着他走出门。但是当斯通再度走进去的时候，

胡乐先生两手上举，表示投降地说："我真拿你没办法！"后来，他们成为非常好的朋友，而斯通在饭店里卖报纸，也就不再有什么问题了。

多年后，当已拥有一个保险王国的斯通回忆自己那段卖报经历时，他得出如下结论：

1. 当时如果他的报纸卖不出去，那些报纸对他来说一文不值。他不但看不懂那些报纸，连借来卖报纸的本钱都要赔进去。对一个6岁大的男孩来说，这种灾难足以威胁他，使他必须想办法努力把报纸卖掉。因此，他有了成功所必须具备的"激励因素"。

2. 当他第一次成功地在饭店卖出第三份报纸后，纵然他知道再走进饭店，老板一定会给他难堪，并再次赶他出来，但他还是走了进去。三进三出之后，他已经学到在饭店里卖报纸所必需的技巧。因此，他找到了正确的"方法诀窍"。

3. 他知道要说些什么，因为他已经学到了一些大孩子的叫卖方式。他所要做的，只是走近一个客人，以较柔和的声音重复说出那些话。只要他付诸"行动"，就会成功地卖出报纸。

这个小报童所使用的技巧，后来成为一套可以获得成功的定律，使他以及很多人获得了成功和财富。现在，请你记住这三句话：激励、方法诀窍和行动。这三句话是成功

定律的钥匙，将帮你打开成功之门，使你的世界发生巨大的变化。

认清自我

在打开成功大门之前，我们首先必须认清自我。因为自我是体现人生价值观的主体，在这个主体上有一块"隐形护身符"，它能化解不幸，也能阻挡好运，关键在于如何运用它。

你的人生观就是自己的"护身符"，一面刻着 PMA（Positive mental attitude），即积极的人生观，另一面刻着 NMA（Negative mental attitude），即消极的人生观，这两种人生观所产生的威力相当。PMA 是不分什么情况一律保持积极心态，它可以吸引善良和美好的事物；而 NMA 却会排斥它们，它是一种消极的人生观，会赶走你生命中所有值得争取的东西。

下面这个故事可以说明"隐形护身符"的功用。

傅勒是路易斯安那州一个黑人佃农的 7 个孩子之一，他 5 岁时就开始工作，9 岁时已经在赶骡子了。这并没有什么稀奇，因为大多数佃农的小孩都是从小就工作。这些家庭对于穷困已经认命，从不敢奢望过更好的生活。

但傅勒有个了不起的母亲。虽然她的生活只能维持温饱，却不希望自己的孩子也如此。她认为在一个欢乐、富裕的世界里，自己和家人居然只能勉强度日，一定有什么地方不对，因此，她常常对傅勒说："我们所以穷，不是命该如此，而是你父亲从来不图什么财富，我们家也没人想要改变现状。"

"没有人想要改变现状"，这句话深深地印在傅勒的脑海中，结果竟改变了他的一生。他开始希望发财，并把全部的心思放在自己的目标上，绝不想自己不要的。他认为最快的赚钱方法就是卖东西，因而选择了卖肥皂。他挨家挨户地去推销，一卖就卖了 12 年。后来听说供应他肥皂的那家公司要拍卖，定价是 15 万美元。而傅勒卖了 12 年的东西，他尽量节省每一分钱，总共存了 2.5 万美元。傅勒和那家公司的老板联系后，对方同意他先付 2.5 万美元的定金，余款 12.5 万美元则要在 10 天内付清，并且合约上写明，假使他在期限内筹不出来，定金就要被没收。

傅勒担任肥皂推销员的 12 年中，受到了许多生意人的尊敬和称赞，他去向他们求援，另外他还从自己的朋友、借贷公司与投资公司那里借到了钱。到了第 10 天的前夕，他已经凑到了 11.5 万美元，还差 1 万美元。

为了找到一个可以及时借他 1 万美元的人，已经晚上 11 点多了，傅勒仍然沿着芝加哥第61街往前走。他走过几条街，最后终于看到一家公司的窗子里有亮光透出来。

他走了进去，里面坐着一个一直在工作，并且看上去已经很累的人。

"你想赚1千美元吗？"虽然傅勒跟这个人并不熟，但他还是壮起胆来，单刀直入地问。

那位商人给这一问吓了一跳。"想啊！"他说，"当然想。"

"那就开一张1万美元的支票吧，等我还钱的时候，就把1千美元利息带来。"傅勒说道，同时他把那些愿意借钱给他的人的姓名都告诉给这位承包商，并详细解释他想开拓什么行业。

傅勒于当晚离开时，口袋里已经装了1万美元的支票。今天他不只拥有那家肥皂公司大部分的股份，还拥有另外七家公司的股份，包括四家化妆品公司、一家针织公司和一家标签公司以及一家报社。总结自己成功的经验，傅勒说："知道自己要什么，在看到它时，才会一眼就能认出。没有人天生就是贫穷的，只要保持一种积极进取的心态，任何人都会成功！"

从傅勒的故事中我们可以看到，他随身带着的这块"护身符"，一面刻着PMA，另一面则刻着NMA。他把PMA那一面朝上，结果发生令人惊奇的事，他居然实现了先前只是白日梦的愿望，并彻底改变了自己的人生。

成功对你而言，不论是像傅勒一样的致富，或者是发现一种新的化学元素、创作一首乐曲、种植一株玫瑰或养育子女——不论成功的含义是什么，这块一面刻着PMA，另一面刻着NMA的"隐形护身符"都能帮你做到。你可以利用PMA把好的、你想要的东西吸引过来，也可以用NMA把它们赶走。

使你登峰造极的成功之道

积极的人生观和消极的人生观具有截然相反的力量：一种能吸引财富、成功、快乐和健康，另一种却能排斥这些东西，夺走生命中的一切。换句话说，积极的人生观可以使人登峰造极，而消极的人生观则使人终身陷在谷底，即使爬到巅峰，也会被它拖下来。

积极的人生观才是正确的。那么，"正确"的人生观又是什么呢？它是由"正面"的特征所组成，比如信心、诚实、希望、乐观、勇气、进取、慷慨、容忍、机智、诚恳与丰富的常识等。

麦克·柯理根是一位银行家，他误信了他所喜欢的一位顾客，为这位顾客贷了一笔数目相当大的钱，但这笔钱却收不回来了。虽然麦克在这家银行已经服务了很多年，但是他的上司认为凭他的经验不应该犯这样的错，于是就把他开除了。

麦克失业之后，变得垂头丧气，他走路的样子、他的表情、他的举止、他的谈吐都完全显出沮丧和疲倦，他的精神态度非常消极。

麦克一直努力寻找工作，但总是徒劳。他的朋友"循环研究基金会"的主任爱德华·杜威知道他的境遇后，决定要帮助他。杜威建议麦克在一张纸上列出自己的长处，以及所有他所做过的使得他的前任老板赚钱的事情，还问了他一些问题，例如：

"你以前担任部门经理，在你的督导之下，你为你的银行每年增加了多少利润——由于你做了哪些特别的事情而增加了利润？"

"在你的管理下，因为效率的增进、浪费的减少，而使你的银行节省了多少钱？"

当天晚上吃完晚饭后，麦克来到杜威的家时，他整个人发生了全新的改变。他带着诚恳的微笑，握手有力而友善，说话的语调充满自信——完全表现出一副成功的样子。

麦克还在几张纸上写出他所认为的自己真正的长处。在写出他对以前老板的贡献之外，他还在"我真正的资产"栏里列出了一些特别的项目。如：

⊙一位贤惠的妻子，对他来说她就是他的整个世界。

⊙一个可爱的女儿，她给他的生活带来了欢乐、幸福和阳光。

⊙健康的心智和身体。

⊙很多好朋友。

⊙一幢房子和一辆车子，贷款已付清。

⊙银行里有几千美元的存款。

⊙还相当年轻，还有很多的好时光。

⊙认识他的人对他十分敬重。

杜威看完之后，意识到麦克的人生观已经发生了根本的转变。而就在他们谈话的第二天晚上，麦克给他打来电话，"我要谢谢你，我已找到了一份很好的工作。"他快乐地说。

麦克确实找到了一份好工作，他担任邻近城市一家大医院的财务主任，他的工作成效深受医院领导的好评。

你也有能力像麦克一样把"护身符"转到积极的那一面，你也可以把不可能变为可能而出人头地。只要拥有积极的人生观，你一定可以找到方法去实现自己的梦想。

那些一心认为自己"办不到"的人会削弱自身"护身符"的正面效力，他们用的是"护身符"的反面；而那些一心认为自己"办得到"的人却会赶走反面的效力，而使用它的正面。

这就是为什么我们在使用这块"护身符"时必须非常小心的缘故。

因为积极的人生观可以为你赢得生命中所有的幸福，帮你克服困难并发现自己的能力，帮你出人头地、超过对手，把别人认为不可能的事情变成可能。然而消极的人生观却有相反的威力，它不会引来快乐和成功，反而会招来绝望和失败。所以，这个"护身符"如果使用不当是很危险的，你应该选择积极的人生观，因为积极的人生观才是使你登峰造极的成功之道。

选择哪一种人生观要取决于自己

前面我们提到"隐形护身符"的 NMA 具有消极排斥作用，的确，抱着消极人生观的人很容易放弃努力，很容易屈服于疑虑和担心。消极的人生观使你一无所得，它会对你说，你注定是要失败的，你根本就不具备成功者的条件。消极的人生观使你成为一个"总是认为自己不可能成功的幻想家"。

一旦你头脑里充斥着消极的人生观会怎样呢？消极的态度和思想会带给你消极的情绪，包括：

担忧　紧张　失望　内疚
愤怒　嫉妒　焦虑　懊悔
怀疑　悲观

这些情绪都是有害的，是你应尽力加以摆脱的。你所需要的帮助你成为自己的生活主宰的东西是积极的人生观，而积极的人生观带来的情绪有：

希望　决心　愉快　信任
自尊　乐观　自信　胆量
抱负　自由

这些才是你所需要的、健康的情绪。所以，你应该培养一种积极的人生观。

到底选择哪一种人生观要取决于你自己。福特汽车公司的创始人亨利·福特曾说过："认为自己能做到或认为自己做不到，是两种截然不同的人生观，你完全可以选择对你有益的那种。"

你必须认为并确信自己能行，你必须具有积极的人生观。生活中，积极的人生观犹如汽车的马力，马力低意味着输出低、速度慢，而马力越大，输出就越大，速度也越快。

你必须有高的输出，你必须在通往目标的征途上勇往直前，你必须具有积极的人生观。要想做到这些，首先，你应该对自己有信心，相信自己能有所成。

每当消极悲观的念头进入你的脑海时，你应该加以排斥。你应该尽量减少与那些抱有消极思想的人交往，以免他们把消极人生观传染给你。事实上，那种抱有消极人生观的人十有八九是在表明这样的思想："我不能成功。我什么事情都做不好，所以，我要每个人都相信那些能做事的人都是傻瓜。"千万不要受这种人的影响！不要让这种人把你也改造成像他们那样一天到晚都郁郁寡欢。

有人曾对大学生做过一项研究，结果表明：那些认为自己学不好的学生的确学不好，相反，那些认为自己能学得好的学生的确学业优秀。这便是积极的人生观与消极的人生观造成的差别。所以你必须小心，随时注意不要让消极的人生观影响你的生活，你应该选择帮助你拥有成功、幸福的积极人生观！

培养积极人生观的 10 种方法

我们不仅要选择积极的人生观来帮助自己走向成功，还应努力培养积极的人生观，积极的人生观是指愉快、乐观地迎接每一种状况的心智态度。具有积极人生观的人视他的杯子半满而非半空；他视挫折为一时现象，问题为机会，愁苦为值得挑战和克服的情绪；他决心保持他的泰然自若和自我控制，当四周的人都失去理智的时候，他仍能保持他自己的信念，奋发有为。

你想成为热忱、乐观、自信的人吗？这里将为你介绍培养积极人生观的 10 种方法。

1. 热忱

行动热忱，动作积极有力，说话时使用肯定的语句而不用否定语句。把含有"我能"和"我要"的

话一天至少两次用在谈话中。

2. 仪表为人

待人要有礼貌，多说"请"、"谢谢"和"不必客气"。别人有好的地方即予赞扬，在别人的行为中寻找优点和好的一面。

3. 主动

首先行动而不是等着别人去做，凡事积极主动才能获得先机，这样，无论在工作还是生活中，都能因先行一步而占据上风。

4. 团队精神

对别人的观念和行动给予肯定的反应，接受别人的观念就好像是自己的观念一样，告诉别人你对他们有信心，使他们愿意与你合作，发挥群策群力的效应。

5. 保持愉快的心情

如果每天早晨在愉快、积极的气氛中醒来，加深要度过愉快的一天的潜意识，那么一天的心情都会感到舒畅。若因无谓的事而烦恼、不愉快时，应及时注意纠正。

6. 心胸要宽广

走路时，不要两眼看着地面，应该抬头挺胸、昂首阔步，切不可妄自菲薄。要消除孤立的心态，毅然走出自我封闭的状态，这样你就会看到充满幸福、希望的美好事物。

7. 不要说"不"

振作精神，无论你遇到多么困难的工作，都应认真思考解决的办法。不可推托敷衍，应不怕麻烦，

不要把时间浪费在无谓的担忧上，不要替自己找寻借口。要知道，"天下无难事"，你要勇于绝不说"不"。

8．虚心接受批评

假如无意中做了错事，没有必要找借口，这样做并不能改变事实，而应力求下一次把事情做得更好。为此你应该接受别人善意的批评，把它看成一种激励力量，不应心存芥蒂，产生抵触情绪。

9．不可随便批评别人

不要故意给人难堪，不可对人吹毛求疵，而应处处与人为善，否则别人也会给你脸色看。应去发现别人的优点，多替他人着想，不要使别人因你的批评而丧失信心。

10．要多与思想积极的人交往

人往往在不知不觉中受到别人的影响。因此择友务必慎重，最好远离那些消极悲观的人，多和乐观爽朗、处事通达的人交往，使自己常处在积极的气氛中。

如果你能试着按照以上的方法去做，相信你的人生一定会出现一种全新的境界，其中充满鲜花和阳光，令你更有信心和希望消除消极的人生观，从而使你走上成功之路。

阻挡好运的消极人生观

假使一个25岁的年轻人预计69岁时退休，就有10万个工作小时在等着他。那么，他将有多少个小时会因积极人生观的神奇力量而飞黄腾达？又有多少小时因消极人生观的无情打击而一败涂地？

有些人似乎天天都在使用积极人生观；有些人则一开始就停止；至于另外一些人——也就是绝大多数的人，却根本就没有运用自己这股巨大的力量，他们所具有的人生观是消极的，这种颓废的心理态度的特性是反面的。千万不可低估消极人生观的排斥力，它会阻挡好运。

参加克里蒙特·斯通和拿破仑·希尔所主办的"PMA，成功之道"课程的学生，都是自认不能适应生活的某方面的人。他们第一次上课时，首先被问到的问题是：你为什么要上这一门课？你为什么得不到自己期盼的成就？他们往往会诉说一段悲惨的故事作为失败的借口。如：

"我根本没有机会出头，家父是个酒鬼。"

"我在贫民窟里长大，永远离不开这个环境。"

"我只受过小学教育。"

克里蒙特·斯通研究了这些人的观念，并得出结论：总是在抱怨这个世界亏待了他们的人，都把自己的失败归咎于"身外"的世界和环境。他们总是埋怨家世不好、环境不好，他们以消极的人生观来观察人生，当然会受到这种观念的妨碍。因此斯通认为，使他们不能出头的是消极的人生观，而绝非他们所说的外界阻碍。

日本三洋电器的创办人井植岁男家的园艺师傅有一天对他说："社长先生，我看您的事业越做越大，而我却像树上的蝉，一生都在树干上，太没出息了。您教我一点创业的秘诀吧。"

井植点点头说："行！我看你比较适合做园艺工作。这样吧，在我工厂旁有2万坪空地，我们来合作种树苗吧！树苗1棵多少钱能买到呢？"

"40美元。"

井植说："好！以1坪种2棵计算，扣除中间的小道，2万坪大约能种2.5万棵，树苗的成本是100万美元。3年后，1棵可卖多少钱呢？"

"大约3000美元。"

"100万美元的树苗成本与肥料费由我支付，以后3年，你负责除草与施肥工作。3年后，我们就可以收入600多万美元利润。到时候我们每人一半。"

听到这里，园艺师傅却拒绝说："哇！我可不敢做那么大的生意！"

最后，他还是在井植家中栽种树苗，按月拿取工资，白白失去了一个成功致富的良机。

从成功者的身上，我们总可以发现一些共同的东西：或智慧，或勇气，或机遇，或矢志不渝的刻苦精神。而那些思想作风消沉，畏首畏尾并抱着消极人生观的人，他们与处世态度积极的人截然相反。而且，他们非但不知彻底反省，反把胆怯、懦弱等个性上的缺欠，作为处世态度的谨慎，求得在自我象牙塔中的心理均衡。如果对关于阻碍个人进步的症结问题追根究底，我们将发现并非完全是停滞不前的那些人畏首畏尾的个性使然，而是他们不懂得如何积极地面对人生、面对自我，不知勇敢去追求成功之道，以致错失良机，一事无成。

如果你不满意自己的生活，力求改变，那么你首先应该改变自己。假使你拥有积极的人生观，你四周的问题都会迎刃而解。

成功要素的运用

我们之所以要拒绝阻挡好运的消极人生观，而要培养积极人生观，是因为积极的人生观是成功的要素之一。如果你能把积极的人生观和下面的这些成功要素联合起来，运用在自己的事业上或解决个人问题，那么你就已经踏上成功之路了，一定会获得巨大的成就。

这些成功要素并不是凭空捏造的，而是克里蒙特·斯通的好友精神励志导师拿破仑·希尔，从19世纪美国千百个成功人士的经验中得来的精华，其中包括：

1. 积极的人生观；
2. 明确的目标；
3. 多走一步；
4. 缜密的思考；
5. 自律；
6. 控制自己的心智；
7. 运用信心；
8. 和蔼可亲的个性；
9. 上进心；
10. 热忱；
11. 全神贯注；
12. 团队精神；
13. 从挫折中学习；
14. 富有创意的远见；
15. 控制时间和金钱；
16. 保持身心健康；
17. 运用自然规律。

这些成功要素与前面所提到的培养积极人生观的几种方法相辅相成。所以，在日常生活中，唯有灵活地运用上述要素，才可以培养出积极的人生观并且永远保持下去。

如果你拥有积极的人生观，却默默无闻，这是什么原因呢？假使你运用了积极人生观却不成功，很可能是你忘了把一些必要的要素与积极人生观合并运用，因而无法达成心愿。

现在你就勇敢地分析自己吧，看看这些要素中，自己习惯运用的是哪几项，而哪些又是自己一直忽略的。

要想成功地改变你的世界，你应把这些要素作为衡量标准，分析自己的成功和失败，这样你就能很快地明白是什么在妨碍你前进。

想象成功的自我

将积极的人生观与成功的要素相结合，就会有所作为，那么，你有没有想过成功的你，究竟是什么样呢？现在让我们来想象一部影片，这是一部有关你的影片。首先请你闭上眼睛，想一想 5 年后自己的生活状况。

你会不会看到这样的情形：有个成功者，他住的是新房子，开的是新汽车，从事的是新工作，邻居都是些心地善良的好人……这一切你都看见了没有？

克里蒙特·斯通经常对他公司的员工说，未来美好的生活总是起源于最简单的构思。通过想象你会建立起成功的欲望和一系列成功的目标。你或许会觉得这是个荒谬的空想，几乎是不着边际的。可是，事实已经证明，人类有能力去创造出他们想象到的一切。

西奥多·盖塞尔是当代最富有想象力的人之一。你或许不熟悉这个名字，但提到著有许多儿童读物的苏士博士，也许你对他就不陌生了。苏士博士就是盖塞尔的笔名。

如今有成千上万的孩子被苏士博士的书中描写的那些富有冒险精

神和创造活力的主人公迷住了，可当初盖塞尔刚开始从事写作时，却不得不在很长时间内把自己的理想埋藏在心底。他为自己的第一部书画了插图，可出版社没有接受。

苏士博士没有轻易地放弃努力。当时他想象到了自己的作品会像今天这样受到读者的热烈欢迎，因此他没有灰心。他把书稿送交给另一家出版社，出版社说不行；再送一家，还是说不行……然而一次次的打击并没有使他屈服，终于，他敲开了第28家出版社的大门。这套儿童读物也终于同读者见面了。

苏士博士用想象描绘了理想，用信心实现了理想。

现在，你一定明白了，运用你的想象去描绘自己的理想并不是浪费时间，世上的任何事情都曾经是或将会是人们通过自身想象加以实现的。

为了增强自我成功的概念，你不妨在开始的时候利用积极的人生观，塑造一个成功的自我形象——一个能够决定自己生活的人。把自己想象成一个不受宣传广告、商业利益和其他操纵者压力影响的人。一旦你把自我概念化为行动，你就变成了真实的自我，你的创建性思想会像灯塔一样，引导你走向成功。

如果你能想象成功的自我，你便会是成功者；如果你能想象一个幸福乐观的自我，你就会是一个幸福乐观的人。

当你乐观地迎接每一天，享受到想象成真的喜悦时，你对自己就会越来越有信心，因为你知道自己有能力实现梦想。相反，如果你只会一味抗拒现状，根本不敢设想自己的未来，那么你的生命不但不会发生惊喜，反而可能陷入困境。

为了创造个人成就，我们必须积极追求真正的愿望。"逃避"或"抗拒"现况并非我们真正的心愿，它们只会模糊我们奋斗的焦点，削弱我们的实力，让我们觉得自己永远不能成功。而大胆的想象能给予我们无穷的力量，使我们勇于面对一切困难，从而走向成功。

做自己命运的主宰

在贯穿人一生的活动中，大多数人仅仅利用了自身能力的10%。而你想象中成功的自我，是不是就靠着这10%的能力完成了学业，终生从事一种工作，不求有功，但求无过，生活平淡无奇呢？这就是你希望的生活吗？

你过去的生活仍在今天延续，尽管你对许多事情抱怨不已，祈求着、期望着："落后于时代的'废物'应抛弃，我们的生活应变得更加美好。"可与此同时你却懒得动一动手、伸一伸脚。如果你希望改变自己的命运，拥有真正的成功，就应为此付出努力。

只有你自己才能改变自己的生活，才能发掘出自身更多的潜力，做更多的事情，成为你想成为的人。

玛丽·克劳莉的母亲在她出生刚 18 个月时就因肺炎不幸去世，可怜的小玛丽被祖母领到一个农场。在农场里，小玛丽没过上一天舒心的日子，她小小年纪就开始做杂事，一直干到 15 岁。

玛丽的童年是在孤独之中度过的，在她比与她年纪相仿的其他孩子先读完中学后，她受不了孤独感的折磨，渴望有人来关心她、支持她，她早早地找了个丈夫。可由于草率成婚，这个匆忙建立起来的家庭没过多久就彻底破裂了，她不得不一个人承担起抚养两个孩子的义务。尽管她找到了一份工作，可那点微薄的工资又哪够维持一家人的生活呢？

玛丽开始忧虑起自己将来的命运。她反复问自己，她是只配做个含辛茹苦地拉扯孩子、斤斤计较每一分钱的小人物呢？还是能成为自己的主宰？当她明确了自己的选择后，做出了决定：她决定要改变目前的窘境，要超越自我。

于是，她进会计班学习，并寻到一份好工作。白天她整日工作，晚上就去南麦塞德恩特大学上课，即使周末也不休息。

直到有一天，当玛丽发现自己对家庭装饰比较喜欢时，她就辞去了会计工作，把活动阵地移到了自己家里。她把家里布置得很漂亮，并且经常举办各种聚会。当活动进行到高潮时，她亮出各式各样的商品，然后向在场的人兜售，无疑，此举获得了成功。接下来，她成立了一个家用百货进口公司。不久，她又创建了家庭装潢和礼品有限公司，使自己跻身商界。她的人生开始了新的篇章。

现在，玛丽的公司雇有 2.3 万名销售代理人，遍布于美国的 49 个州。她还鼓励并出资培训了不少妇女从事商业活动。她的收入相当可观，足以支付她的任何花费。不论是从事大的事业，还是安享快乐的家庭生活，对她来说都不是什么可望不可及的事情了。

玛丽成了各种团体追逐的对象，许多社团组织都请她去演讲，好几个董事会挂着她的头衔，她还是第一位进入达拉斯商会的妇女。而玛丽之所以会取得这样辉煌的成果，就在于她在极其困难的条件下不甘自生自灭，决心要改变自己的生活。用她自己的话说："我相信我一定能改变自己的世界！"她把这一积极乐观的信念贯彻到行动中，结果她成功了。相比之下，既然玛丽能改变自己的生活，你为什么不能？行动吧！激发你自身的无限潜能，做你命运的主宰者，你一定能改变自己的生活！

明确目标是成功之始

从一个普通的家庭妇女，到一个在商界叱咤风云的佼佼者，玛丽·克劳莉所走过的成功之路告诉我们：成功者和失败者之间最大的区别就在于是否能够明确目标。目标直接决定着你成功与否，并为你的人生赋予了许多重大的意义。

无论何时，当你在内心深处问及自己下面这些问题时，都是你所追求的目标在影响着你：

⊙我要努力实现什么？

⊙我明天要去做什么？

⊙我长大后要成为一个什么样的人？

⊙我要怎样度过我的一生？

⊙人生的意义何在？

⊙我现在要做些什么？

目标是目的达到后状况的描述，也是意志所要求的行动结果的陈述。目标并不是方向，而是真正的目的地。生活中许多人之所以没有成功，主要原因就是他们往往不明确自己行动的目标。我们必须首先确定自己想干什么，然后才能达到自己预定的目标。同样，只有明确自己想成为怎样的人，才能把自己造就成那样的有用之才。

有一位父亲带着 3 个儿子，到沙漠去猎杀骆驼。

他们到达了目的地后，父亲问老大："你看到了什么呢？"

老大回答："我看到了猎枪、骆驼，还有一望无际的沙漠。"

父亲摇摇头说："不对。"

父亲以相同的问题问老二。

老二回答："我看到了爸爸、大哥、弟弟、猎枪、骆驼，还有一望无际的沙漠。"

父亲又摇摇头说："不对。"

父亲又以相同的问题问老三。

老三回答："我只看到了骆驼。"

父亲高兴地点点头说："答对了。"

这个故事告诉我们：一个人若想走上成功之路，首先必须有明确的目标。目标一经确立，就要心无旁骛，集中全部精力，勇往直前。

你也应该培养你自己的某些强烈的期望，并把它们转变成你生活中的具体目标。现在就请拿起你的笔，把你的某些目标具体描述下来吧！

找出成功目标的规则

我们要怎样做，才能找出自己成功的目标呢？只要遵循着如下规则即可。

规则一：找出自己确实想要的事物、想去的地方——有形及无形的。

规则二：将这些成功的目标排

出先后顺序。也就是说，哪些目标会自动引出下一个目标，而哪一些是当务之急。

规则三：一旦明确了自己的目标，便可以开始规划要如何去完成它们。不要陷入"我要的不是它"这类游戏当中。你可曾看见你的朋友们玩这种游戏？他们买了部电脑，玩了一阵子后却说"我要的不是它！"继之可能是一艘船或别的什么东西，但永远以"我要的不是它"来做结论！如此的模式一次又一次地上演，只因他们从不利用时间来决定什么是他们真正想要的。

要达到一个目标，你必须事先要有一个清楚的概念。因此，你要着手决定你在远期、中期以及近期真正所要的是什么。如果你现在还不能够决定你长期和中期的目标，你就要加油了。对你最有利的是你应该在这个时候决定你的一般目标是什么：要具有健全的身体和心智；要获得财富；要成为一名品行良好的人；要成为一个好公民、好父亲或母亲、好丈夫或太太、好儿子或女儿……

每个人都有眼前的特定目标。例如，你准备明天做什么，或希望下个星期与下个月做什么。你最好把有助于你达到中期和远期目标的近期特定目标写下来，这样目标会更容易实现。但最重要的是，你必须想要达到这些目标。

譬如说，你对自己在学校里的学习成绩不够满意，想改变自己的落后状况，取得更高分数，那么你就必须确立一个你所向往的明确目标，而不是含糊其辞的想法。像"我想学好更多的课程"或者"我想取得更好的成绩"的想法是不行的，你的期望必须是一种具体的目标。

如果你的目标是想获得一份更好的工作，那你就必须把这一工作具体描述出来，并自我限定准备哪一天得到这份工作。

如果你的目标是使家庭更加美满幸福，那你就必须确切地描述一下如何使你的婚姻状况得到改善。

如果你目前的理想和愿望还不够明确，不足以成为一个目标，那就这样试一试：像前面"想象成功的自我"中所说的那样，想象5年后的你。你可以自问："我想受多高程度的教育？我想做什么样的工作？我期望过什么样的家庭生活？我喜欢住什么样的房子？我想赚多少钱？我想结交什么样的朋友……"

你还可以这样试一试：在一周内每天花10分钟列出所有你能考虑到的目标。一星期后你手头就会有几十个甚至上百个可能实现的目标。这样做会迫使你写出自己的愿望，这是开始把你的目标变为具体要求的最好方法。

树立目标的最大价值在于可以避免浪费时间，避免漫无目的地瞎干。而无论你采用什么原则，一定要运用积极的人生观才能实现你生命中的高尚目标。积极的人生观是一种催化剂，使各种成功要素共同发生作用来帮助你实现目标，而消极的人生观也是一种催化剂，却会造成罪恶、灾难等一系列悲剧。

明确目标是成功之始，而一个积极向上的目标会使你变得强大有力，会使你胸怀远大的抱负；积极的目标在你失败时会赋予你再去尝试的勇气，会使你不断向前奋进；积极的目标会带给你前进的动力，使你避免倒退，不再为过去担忧；积极的目标会使你理想中的"我"与现实中的"我"统一，使你走向成功！

帮你实现目标的座右铭

你已经明确了自己的成功目标，而写下你自己的座右铭可以帮你早日实现你的目标。

你可以将"我一定能做到"这类具有激励作用的标语写下来，因为光凭记忆是不够的。将要做的事写下来是一个很重要的自律方式，也是实现理想的第一步，这样做会使那些本来模糊的细节变得清晰。

你可以每天两次念诵可以帮你实现目标的座右铭：一次在刚醒来的时候，另一次在临睡之前，因为这两段时间是你最容易与潜意识沟通的时机。需要注意的是，在念诵的时候，你要带有感情，你越能够注入感情，收效便越好。因为如果你的身心都一致渴求一样东西，那么你的梦想就会早日成真。

克里蒙特·斯通在谈及座右铭对实现自己目标的影响时，曾指出要想使自己的座右铭真正发挥作用，需要以下 5 个步骤：

1. 将你写好的座右铭摆在眼前，缓慢地读出声来，将每一个字清楚且缓慢地读出来——这个步骤十分重要。

2. 将座右铭中的关键字至少读 2 次，以便在潜意识里加强关键字对座右铭的联想意义。

3. 闭上眼睛，放松自己。一旦你觉得身心较为舒缓时，在你心中默读几次关键字。你也可以大声地读出来，同时眼睛不须看着你的座右铭，因为关键字已经代表了其意义。

4. 幻想着你已经实现了目标，想象理想实现所带来的喜悦，并消除你的消极人生观，这会使你变得更具创造力和想象力。

5. 张开眼睛。现在，可以具体地运用你选定的关键字。将关键字写在一张小卡片上，放在一个你每天会看到而且经过好几次的地方。同时把你认为最重要的话，用大一点的字写出，其余的则用小字。这样做会特别醒目。

找出可以激励自己的座右铭具有十分重大的意义，它是在无形中帮我们实现目标的动力源泉！

制订人生计划

一个人要想成功，首先要具有强烈的期望，然后再把期望变成一种积极向上的目标，而为了达到这一目标还得制订一项计划，以使其成为现实。

许多人确定了自己的目标，但最终却未能实现，究其原因，不能归结为其目标没意思或无价值，而是由于确定目标的人没有制定出一项针对这些目标的行动计划。

你是浑浑噩噩地过日子，还是快乐地享受生命时光，这要取决于你是否懂得安排自己的人生，妥善地规划每一天。克里蒙特·斯通曾说过："你若不懂得规划自己，别人将会规划你的未来。"制订计划的最大好处就是它可以明确地告诉你，应该做什么，应该什么时候去做。计划制定得越好，就越有可能达到目标。

譬如你准备造幢房子，那你首先得绘一幅蓝图——一张详细的设计图纸，使人一眼看上去就能知道房子是什么样式的，房间规格多少，窗户如何安置等。而为了将这幢房子造好，你必须反复思考，再三斟酌，认真制定行动步骤，否则你将一事无成。

同样，当我们确定了人生理想后，便可以规划出属于自己的长、中、短程计划。为了更精确地掌握进度，我们可以制定年计划，依年计划再切割成季计划，由季计划再区分为月计划，月计划中有周计划，周计划中还有日计划。如果在每一天的计划中，你可能有 10 件事必须完成，那么你可依 ABC 来分类，以区分其重要程度，并确保将一天中最重要的事完成。这样经过每一天的累积，你就拥有了一个不断积极进取的人生。

只有当你明确了自己的人生理想或某一阶段的人生目标，并以此来规划自己的人生时，你的生命才会具有活力，充满热情。当你在前一天晚上就已经清楚地知道第二天应做些什么时，你会变得更加从容。因此，赶快制定你的人生计划，并认真执行吧，这会使你的世界由最初的杂乱无章而发生彻底的改变！

用积极的人生观迎接暴风雨的考验

在成功这条道路上，也许你已经明确了自己的目标，并制定好实施计划，然而"计划没有变化快"，在面对那些突如其来的难题时，你该怎么办呢？正如克里蒙特·斯通所说，没有风雨的考验，就分不出真正的高手；没有困难的阻隔，就锻炼不出求生的本能。正是暴风雨的来临，才使你能及时武装自己，不再甘于平庸。

1929 年的 10 月，看起来一切平静，但是一场"暴风雨"突然袭击了美国。这场"暴风雨"比任何已知的自然灾难都更具破坏性，危害更久。在经过 24 日黑色星期四那令人不安的平静之后，这场"风暴"袭击到美国的每个地方。到了 29 日黑色星期二这一天，股票市场崩溃了。接着是更多的混乱，最后金融飓风以最大的力量袭来，并且达到了最高峰——1933 年 3 月 6 日"银行假日"。而全美的经济状况给人的感觉是：除了畏惧本身，没有什么值得畏惧的。

当时报纸上每天都刊载了很多悲剧故事。1928 年在一个俱乐部里，克里蒙特·斯通曾遇到过一个极有才干的青年股票经纪商。后来当斯通在报上看到这个青年自杀的报道时，对于他以及像他一样以自我毁灭来应付这个难关的人，斯通感到怜悯和同情。怜悯，是因为这个青年事前没有培养出正确的人生观，不能迎接生命中的紧急灾难；同情，是因为他精神脆弱、恐惧、无助而失败。

无论在人生的晴雨表上遇到什么样的天气，我们都应当将自己的人生观由不好的、消极的转变成正确的、积极的。而一旦有了这种积极的人生观，新的生活就会到来，并带来新的力量和新的进步。

对生活有积极反应是件好事。例如，你生病后去看医生。医生诊断过后，给你开了药，叫你过几天再回诊。如果你第二次去的时候，一走进诊疗室，医生就笑着说："你看起来好极了，显然上次给你开的药效果很好！"你听了之后必定觉得如释重负。

在你周围到处都有积极因素可供你去发掘。如果你想成为成功者，你就要发掘这些积极因素，现在马上就去发掘！

你年年都在谈论和回味那些消极泄气的事情，有什么用吗？没有！这样做所起的作用只不过是带来更多的消极因素，产生更多的泄气念头，出现更多忧心忡忡的烦恼。

所以，要把你那老一套丢开。消极因素不可能使你取得成功。而一旦发现了消极因素，就要消除干净。这样，你才能着手盘算如何愉快起来。你应多与人谈论欢乐的时刻、光明未来的计划，并为自己以往的回忆和现在体验到的积极因素而感到高兴。这样你内心深处便会产生出积极的情绪，使你勇于面对人生的任何考验！

要想改变你的世界，首先要改变你自己

作为一个成功致富的优秀典范，克里蒙特·斯通曾不只一次地说过："不论你做什么工作，你最好都要学会推销技巧。因为推销是说服别人接受你的服务、你的产品或你的想法。说起来，每一个人都是推销员。不论你的职业是否是推销员，我的推销术的细节对你都并不重要，重要的是原则。不论你做什么事情，都要把从成功和失败中所学到的经验，归纳总结出来，但最重要的一点是要想成功，必须先改变你自己！"

克里蒙特·斯通上高中后，他的母亲开始投资成为美国意外保险公司在底特律市的一个小的保险代理商。而斯通高二的暑假就在底特律度过，在那段时间里，他学会了推销意外保险，也是从那个时候起，斯通开始为自己找出一套推销方式——一套从来没有失败的推销定律。

当斯通决定利用假期帮母亲推销保险后，他花了一天时间研读有关保险法规。而斯通所接受的推销指示是这样的：

1. 到整幢戴姆银行大厦去兜售；

2. 从顶楼开始拜访每一个办公室；

3. 不要拜访大厦管理员办公室；

4. 一开头用这句话："我可不可以借用你一点时间？"

5. 向每一个人推销。

于是，第二天斯通就遵照着这些指示去做。当时他确实很害怕，但是他从来没有想到不按着指示做。他只是不知道还有更好的做法，在这方面，斯通的做法只是习惯使然——一种遵照指示的习惯。

第一天他卖了 2 份保险，第二天 4 份——增加了 100%，第三天 6 份——增加了 50%，而在第四天斯通学到了重要的一课。

当时斯通去拜访一家很大的房地产公司，站在他们业务经理的办公桌旁，斯通问："我可不可以借用你一点时间？"接着使斯通大吃一惊的是那个经理突然跳了起来，用他的右拳敲着桌子，几乎是吼叫地说："孩子，在你的一生中，你绝不可以请求借用别人的时间！要用你就尽管用好了！"

因此，斯通就老实不客气地占用了他的时间，那天斯通向他以及他的 26 位员工卖出了 27 份保险。

这件事引发斯通进一步去思考：一定有一种科学的方法，可以让他每天卖出更多的保险。必定有一种方法，可在一个小时内生产出数倍于时间所能生产的东西。那么，为何不找出一种可在一半时间里卖出两倍东西的办法呢？为什么不能研

究出一种程式，让每个小时产生最大的工作量呢？

从那时候开始，斯通一直注意找寻成功的原则，他意识到必须先改造自己的思维模式，才能使自己的才能充分发挥出来。

或许你还不知道怎样从所读、所听或所经历的事情中总结原则，那么你可以像斯通一样从改变自己开始。墨守成规，毫无创新的思维模式只能使你的世界停滞不前。要想改变你的世界，你必须先改变你自己，做一个自求进步的人，才能获得持续的成功！

第二章　做一个自求进步的人

> 只有进取心才会促使我们改变现状，只有永不满足的激情才会激励我们追求完美，这就是人类进步的奥秘。
>
> ——雨　果
>
> 常常自我检讨，清除内心深处的消极想法，时时期求进步，不断向未知的事物挑战，这样才能得到更丰富的收获。
>
> ——蒙　田

你对自己目前的状况，是否觉得若有所失呢？如果确实有一种莫名其妙的怅然，感觉现实状况与自己期冀的目标和理想有很大的差距，这种失落感就会更加深刻，最后不得不采取办法改变现状以接近自己的理想，此时往往成为一个人命运的转折点。因为对自己的现状感到不满而觉得痛苦悔恨，同时为实现自己的希望和目标开始不懈地努力、拼搏、奋斗，这样的人才是善于抓住人生和自我的人。成功的机遇和好运也更青睐那些不断进取、不断追求的人。

相反，凡事都听凭命运的安排，遇到困难就认为是上帝的惩罚而很快放弃进取，这种彻头彻尾的宿命论者，遇事怕麻烦，心甘情愿地向现实屈服，毫无振作奋发的朝气，自然会断送自己的幸福。在人生的转折点上，你应时刻提醒自己：凡事首先应保持冷静，仔细考虑处理它们的步骤以及克服的方法，即以积极进取的态度，摆脱心理负担，迎接困难。

不要把你的前途留在身后

当你日复一日、年复一年地重复你现在每天不变的生活模式时，你会不会蓦然醒悟：自己原本可以做得更好，你现在所拥有的一切并不是你一生所追求的最高目标。在你遇到挫折失败时，是不是一味地消沉，认为自己曾一心追求的成功是自己力所不及的，从而不思进取、甘于现状呢？

如果你发现自己真的是这样停滞不前，那么你已经把你的前途留在你身后了。你应该像下面故事中的彼特生一样奋进。

佛乐依·彼特生在一场拳赛上被击倒在地。几秒钟之后他就不再是世界重量级拳王了。英格玛·强生已经从他手中夺走了这个尊号。

专家们都说彼特生完了，他作为一名拳击手的前途已经毁了。每个人都知道彼特生面临着运动界古老的不成文定律：没有一个重量级拳王在失败之后能再赢回王座。但是彼特生却决定重新开始——更重要的是，他相信他能做到。

佛乐依·彼特生知道他会成功，他不愿成为失败者，他曾经深深以获得拳王的尊号为荣。

在检讨自己的失败后，彼特生认识到他必须改变他的人生观，而为了补偿失去的时间，他必须努力勤练。他也确实做到了这一点。他听取了教练——前拳王乔·路易的意见。

路易告诉他："要打倒强生，就要先使他打不到你，然后闪到一边。"彼特生确实使强生打不到他，也确实闪到一边。事实上，从彼特生和强生再一次进行争霸赛开始的第一秒钟，到彼特生在第 5 回合以左钩拳击中强生的下巴，彼特生都证明了他的不懈努力，足以在他的

内心产生出勇于向前的力量，使他再度获得"世界重量级拳王"的称号。

在彼特生和强生第二次比赛之前，记者为彼特生拍照时，彼特生说了句极有意义的话。他说："最重要的部分你们是照不到的。因为对我来说，最重要的部分是我的人生观。"从彼特生的话中我们可以看出他已经把他消极的人生观改为积极的人生观了。如此一来，他的前途就在他的前面了。

你的前途是在你的前面还是后面？答案在于，你是否想办法消除任何你自身所具有的看不到的墙——不好的习惯以及不良的思想和行动，并建立和加强好的习惯以及好的思想和行动，因为拥有积极向上的人生观是获得真正成功的基石。

拆除自我设限的墙

作为一个成功致富大师，克里蒙特·斯通经常激励他周围的人努力做一个自求进步的人，以获得杰出的成就。斯通认为任何自求进步的人，都可以达到他的目标，只要他能经常努力培养身体、心智和道德方面的健康，而不要给自己建立一道看不见的墙。

在公元前 3 世纪，秦始皇建立了两道墙——一道是著名的长城，

而同时他又建立了一道"看不见的墙"。长城长 8000 多里，上面有 2.5 万个守望台，它成功地防御了外敌入侵，但同时也阻止了这个世界古国的文明向外流出，影响了中国与世界的交流。

现在或许你该问问自己：

"我有没有给自己建立了一道看不见的墙？"

"自从离开学校以后，我有没有去探寻新的想法、观念？"

"我有没有跟上这个时代的经济、社会、科学、政治以及其他方面的发展？"

"我有没有看过一本自我激励的书，就好像这本书的作者是我的一个好朋友，专门为我一个人写的一样？"

"我是不是已经学完了我将会学到的每一项基本原则？"

我们必须拆除自己心中很多设限的墙。然而，正如美国著名文学家爱默生所说："我们心里的一道墙，永远比外面的那一道墙，难以打破。"那么心里的墙，到底是哪些墙呢？

1. 错看自己之墙

错看自己，以为自己这一生就到此为止，经常有"酸葡萄、甜柠檬"心理。人家问："你为什么不住大一点的房子？""我们人口少，住那么大间做什么！"其实是没有能力买。

所以试想：一个人如果总是持这样消极的态度，永远虚伪地戴着面具跟别人相处，就会产生错误的墙——错看自己之墙。

SMI 即"成功激励学院"，这个企业规模非常大，而它的创始人保罗·麦尔当年开始的第一个事业却是卖保险。保罗·麦尔在刚开始工作，每次与同事去找顾客时，总是躲在墙角边，静静地分享同事与顾客的互动。所以，公司给他的评语是："内向、退缩、毫无志向、没有远大的理想，欠缺人生的动力。"言下之意是叫他自动离职。然而，这些话刺激了保罗·麦尔，他暗想："我绝不是这样！我绝对有能力改变我的命运！"于是，他毅然决定去接受训练。经过 2 年的培训，保罗·麦尔脱胎换骨。后来他自己决心要创业，而他出来做的第一项事业，就是成立 SMI——"成功激励学院"。从保罗·麦尔的故事中，我们可知道有一道墙，一定要自己去打破，才不会"错看自己"！

"错看自己"包括小看自己和过度地吹捧自己，而要真正地了解自己，取得更大的进步，你必须想办法打破这道墙。

2. 完美主义之墙

第二道必须要去打破的墙，叫"完美主义之墙"。

很多完美主义者认为："自己必须完美无缺，万事能晓，无所不能！"这是理性的想法。因为再能干的人也有缺点，"金无足赤，人无完人"。

人一定要永远承认自己的不完美。比如说，全世界最出色的足球选手，他传的 10 次球，会有 4 次失误！最出色的篮球选手，他投篮命中率，也只有 5 成！即使找最棒的地质专家勘探石油，他在 10 口井中也只能够找到 1 口井的石油！许多大名鼎鼎的电视演员，拍摄广告片时，竟然 30 次有 20 次是拍不好的……所以，人不能够期望有这种"完美的墙"，因为完美主义会让我们在做不到的时候变得自卑，以至于放弃自己，不思进取。

要建立你自己的生活，做一名有益于自己以及有益于全人类的人，你必须从内心要求进步。因为要从外面获得帮助，从你所能找到的任何事物中吸收好的部分，必须从内心开始，以正确的心态来看待人、事、知识、习惯、信仰——不论是你自己的或别人的。

你有没有在你内心建立起一道极为坚固的墙，以致阻止了任何启发性的想法进入你的内心，而使得你的前途落在你的后面？

如果确实有那些看不见的墙，你必须把它们拆掉。

清除消极思想

如同垃圾不清除，环境会受到污染一样，心灵也需要环保。许多人心中常有恐惧、猜疑、自怨、自怜、嫉妒、不信任、悔恨等阻碍其前进的负面情绪，而只有不断清除这些障碍，才能释放自身无限的潜能。

你怎么想，你就是什么。你的思想是依你的人生观之积极或消极而定，看看自己吧：

你是个好人吗？如果你回答"是"，那么你便有好思想。

你健康不健康？如果是，你的思想便很健康。

你的精神有毛病吗？是你的思想使你如此。

你贫困吗？那是你的思想贫乏的缘故。

成功导师拿破仑·希尔在《思考的力量》一书中，曾将消极思想概括为以下几个方面：

1. 负面的：感觉、情绪、习惯、信仰以及偏见；

2. 只见到别人脸上的灰尘；

3. 语意不明所造成的争辩和误解；

4. 错误的前提所造成的错误结论；

5. 以笼统的、限定性的字词作为基本前提或小前提；

6. 以为需要会使人不诚实；

7. 不洁的思想和习惯。

由此可见各式各样的消极思想有很多——有的小、有的大、有的脆弱、有的强韧。要是你把自己思想的消极方面统统列出来，一条条仔细研究，你会发现它们全是消极人生观造成的。

同时仔细想一想，你还会发现消极思想中的懒惰会教你什么也不想做；或者反过来说，如果你的方向不对，它会让你不抵抗地继续往前推进，使你的错误越陷越深。

假使你做决定时不肯保持开朗的心情，不去明了事实，这就是"无知"，消极思想便依靠无知而生存、茁壮。因此，务必把它清除。

抱有积极人生观的人也许并不了解事情的真相，也可能根本不懂，但却了解真理就是真理这个基本前提。因此他能极力保持一颗开放的心，不断地学习，他会根据自己确实知道的来做结论，也随时准备更进一步地改善自己。

你是否能经常清除自己的消极思想呢？

我们总是在意想不到的时候产生不愉快的想法。所以重要的是，不但要学会如何排除掉不愉快的想法，还要学会怎样把腾空了的地方装上健康而积极的念头和想法。

昨日已逝，明日尚有许多不可知，唯有把握好今天，才有未来的成功，所以，绝对不要为过去的事后悔，要让自己的内心永远保持积极进取，这样才能使自己的人生更进一步。

自满是无形中的蛀虫

有人曾经成功，却在后来走上"过气"的路。他不是没有机会，问题就在于他已满足于现状。而自满正是无形的蛀虫，它让人停顿，无法超越过去，更无法拥有未来的辉煌。

世界上最困难的事情，莫过于去帮助那些缺乏进取心、容易满足、安于现状的人。他们天性中就缺乏较高的自我要求以鼓励自己前进，他们没有足够的进取心去开创事业，更没有足够的忍耐力去完成艰苦的工作。

进取心的第一大敌人是自满。舒适的诱惑和对困难的恐惧会征服许多人。有些人因为其进取心不够坚韧，所以通常难以战胜自满这个大敌，不能引导自己去追寻更美好的事物。前面我们提到懒惰是消极思想的一种表现，它会使人原地踏步，而安于现状正是懒惰的先兆。

有一位薪水很高的职业经理，当人们问他成功的秘诀是什么时，他回答说："我还没有成功呢！我前面总有更高的目标。"由此可见，那些成功之人绝不会满足于现状，而会要求做得更好。如果你信守这个观念——持久不懈地改善，那么就可保证你的一生不但会不停地成长，而且最终一定会成功。

在一次年终总结会上，克里蒙特·斯通告诫他的员工说，只有小人物才会认为自己是成功者，而真正伟大的人物从不认为他们达到了自己的目标。因为在自己取得更大的进步之后，他们的标准也会越定越高。随着自己眼界的开阔，他们的进取心也会逐渐增长。如果你在一个平庸的职位上得到了一笔不少的薪水，就从此缺乏向更高位置努力的动力，那是非常危险的，因为你的进取心从此就开始逐渐消退了。虽然你有能力做得更好，但是由于你已满足于现状，所以你也许永远只能做一个普通职员而已。

对于一些人来说，生活中最悲惨的情形莫过于：自己本来雄心勃勃地出发，却在半路上停了下来。他们满足于现有的温饱和生存状态，漫无目的地虚度余生。

如果我们放弃下一步的努力，进取心消磨了，那么我们就会失去力量，那种懈怠和厌倦的感觉就会左右我们，使我们一蹶不振。

如果一个人十分满足于在平凡的生活中随波逐流，安于已经取得的成就，对大部分未被利用的潜力无动于衷，没有足够的进取心，他就不会付出努力，不会展示自己，

也就不会创造出什么成果。而只有不安于现状、追求完美、精益求精的人，才会成为最终的胜利者。他会努力朝着理想的目标前进，将可能变为现实。

正如克里蒙特·斯通所说，满足于眼前成就的人会停滞不前，而进步者却总是感到不满足。因为追求进步，他做任何事情就好像永没有尽头。一个不断追求完善的人将总是无法满足于已有的成就，而不断去追寻更伟大、更完善、更充实的东西。

最初取得的成功，尤其是早期的成功，对许多人来说就像鸦片，会麻痹他们的心灵，而只有不满足和恒久的进取心才会消除这种不良情绪。但是，与获得最初的成功相比，一直迫使自己去做好本分的工作，往往需要非凡的勇气和坚强的意志。然而，只要你具有很强的进步欲望，再加上积极的努力，你就可以把眼前你已经满意的事情做得更好。

不可违反的诚实标准

我们每一个人都具有引导思想的力量。我们如果能够适当地引导自己的思想，就可以控制我们的情感情绪；当我们控制了自己的情感情绪，我们就可以化解内心的强烈冲动所产生的任何有害影响。这些

第二章 做一个自求进步的人

内心冲动（如我们的热情），常常会驱使我们去做我们并不十分了解的事情。然而，我们可以保护自己不犯严重的错误，方法就是：定出高的、不可违反的道德标准，不符合这个标准的，我们就不去做，而诚实无疑是所有高尚的道德标准中最重要的一部分。

一个具有进取气氛的推销组织，经常充满着热忱以及推动力，促使每名推销员去打破推销纪录。许多推销经理在主持推销会议的时候，总会激励推销员。他就是在这样的推销会议中受到了激励，他决定采取行动，但是却犯了大错，因为他有不好的习惯。当时，他还没有建立起不可违反的诚实标准。所以，在一次推销竞赛中，他不以诚实的态度去争夺荣誉，去偷窃荣誉的王冠。

在这次推销竞赛开始之后，乔每天带回来的推销量，比斯通在全美国的任何一位推销员都多。他的这种推销纪录是非凡的。他带回来的几百个保险申请单每一个都付了保费。因此，在推销竞赛结束的时候，乔赢得了最高的荣誉和奖励。

乔成了宠儿，克里蒙特·斯通带着他到美国各个地方参加推销会议。在会上乔会仔细报告他究竟是怎样获得成功的。他的故事听起来是那么的真实，使得大家不得不信。乔因此被提升为某个地区的推销经理。但是当续约的时间来临时，斯通发现乔欺骗了管理部门，他偷了荣誉的王冠，而最糟的是乔欺骗了他自己。他成功的谎话说得越多，他就越相信这些谎话，他的潜意识也认为这一切都是真实的。

为了帮助乔认识到错误，斯通要他付出了代价：缴回了所有给他的奖励，取消他的荣誉。乔在同事面前受到了羞辱，因为在斯通奖励了真正的得奖人之后，他的欺骗行为就变得众所周知了。

斯通要乔离开公司，等到他证明他已经找到自己之后再回来。因为希望是最大的激励因素之一，所以，斯通给了乔希望，那就是当他找到自己之后就可以重新参加推销组织。斯通还建议乔去找一名心理医师接受心理治疗，并且定期把报告寄给他。

有了这次经验之后，斯通就定出规定，在推销竞赛之后，必须先行检查所有的推销成果是否属实，然后才颁发奖励。因为任何人看见乔都会认为他是一位有品德的人，但是他的行为却让人出乎意料——为了赢得公司的重视，他将自己的钱付给公司当保险费。现在有很多像乔一样的人，他们违反了诚实的道德标准，因此难免会做出错事。而他们要想不再做错事，则最基本的是要培养诚实道德标准。

"诚实"这个东西至今还找不到

替代品，它应比其他的美德更受重视，因为诚实守信是每一个自求进步的人所应具有的最基本的道德标准。

培养高尚的道德标准

"是什么原因促使乔欺骗？如何能够避免此事再度发生？我如何帮助乔以及像他一样的人？"在乔引发的事件之后，这一系列的问题，使克里蒙特·斯通感到很不舒服，因此，他不停地搜寻答案。

有一天，斯通看到了一篇有关催眠术实验的文章。文章中说：在实验之中，受催眠的人被告知他手中有一把刀，面前的假人是他的敌人，这个敌人要伤害他，然后向他下一个命令："刺杀他！"倘若受催眠的人认为那假人是一个活人，他手中是一把真刀，他就不会刺下去。因为他的潜意识不会让他犯下杀人罪。

为什么会有这种情况存在呢？这是因为这个人有一个高尚的道德标准，而且深深印在他的潜意识中，对于任何低于这个标准的提示，他的潜意识都会拒绝采取反应。这就是高尚的道德标准使他不至于犯罪的原因。

但是一个曾经杀过人、犯过谋杀罪的人，或受到鼓励而在这方面不能有所抑制的人，在催眠状态中就会毫不犹豫地刺杀下去，因为即使在有意识的状态之中，他也会刺杀下去。

在斯通看了这篇文章之后，他所寻找的答案就变得清楚明白了。

乔为什么做出这种欺骗的事？下面是斯通得出的结论：

1. 乔参加了一次充满活力和动力的会议，在会议之中，他"可以在推销竞赛中达到高推销目标"的暗示，提升了他的情绪。一个人在情绪高昂的时候极容易受到对他有利的提示的推动。乔相信他可以达到最高的推销目标。

2. 乔还没有培养出高尚的、不可违反的诚实标准，以及低于这个标准即使可以达到他的目标也不会去做的习惯。他不会去偷钱，但是他去偷窃荣誉的王冠。他的意识不会阻止他行骗，他垫出他没有推销出去的保险费，这是因为他早已经有了欺骗的习惯，先由小事开始，之后是比较严重的事。

那么斯通是如何避免此事再度发生的呢？他决定对参加推销会议的人，强调诚实的重要，以端正其心态，并且特别建议推销员使用一些可以自我激励的座右铭，如：

要有面对真理的勇气。

做事要诚实。

斯通还在其公司内部发行的刊物中刊出社论，鼓励推销员培养高尚的道德标准。让每一个员工都知

道他们的工作将会受到检查，因为许多时候，如果不去检查，人们就可能不会照着别人所期望的去做。

而斯通帮助乔的办法是：

帮乔找到一份领取固定薪水的工作，不会受到竞赛的诱惑。斯通在收到乔以及他的心理医师的报告之后，写信给乔，鼓励他继续保持他的良好表现。

斯通还让乔背下上面那两句具有自我激励作用的座右铭——"要有面对真理的勇气"以及"做事要诚实"。

就像在第一章里我们谈到座右铭的作用时所说的那样，斯通让乔每天重复地背诵这两句话，尤其是在早上和晚上。如此一来，当乔受到诱惑要去说谎或欺骗时，这两句话就会从他的潜意识之中闪现出来，他会立刻调整自己的心态。

斯通还把自己为鼓励员工培养高尚的道德标准而写的社论，寄一份给乔。一年之后，乔的心理医师告诉斯通乔没有问题了，斯通就约乔见面晤谈，然后再度雇用了他。

从乔的故事中我们可以看出：低道德标准未能防止乔行骗，而高道德标准却能。所以，我们必须培养高尚的道德标准，以及不论外界有什么样的诱惑，只要低于这个标准，我们就不去做的习惯。这样，我们才能具有高尚的人格，才能不断取得进步！

人格的魅力

如果一个人还没有建立起高尚而不可破坏的道德标准，像孩童一样，只是以自己为中心，只关心他自己，那么，这个人还没有具备健康的心智，他还没有成熟。

由于他还没有成熟，他就还没有学会面对真理的勇气。如此，小的欺骗行为就会演变成大的欺骗，最后变成十恶不赦的罪人。

在美国独立战争中，安诺德本来是一位英雄，但是，最后他却想把美国革命军队的要塞出卖给英国。像他这样缺乏高尚人格，不能够鄙视欺骗行径的人，就会由一位英雄变成一个卖国贼。

安诺德在叛国之前，他攻击狄康德罗高堡地的勇敢，证明他是美国独立革命时期最具有进取心的将领之一。在斯通与人谈论起安诺德时，他认为安诺德具有许多成功者的特性，同时他也具有许多使天才失败的缺点。他是一名能力很强、兴趣广泛、精力过人的人。他具有强烈的企图心及高度的自我驱策力。但是像某些人一样，安诺德也特别自私。涉及他个人利益时，他的行动常常是基于自身而不考虑其他。

由于安诺德是一名善战的将领，他的部下都很敬重他。但是和他交往的国会议员及高级军官却发现，他是一名问题很大的人物。他的傲慢、无理、急躁以及顽固，使得别人难于和他相处。

因此，安诺德受到了批评和降级的处分。1777年，安诺德被解除指挥权，他觉得受到了很大的伤害和羞辱。而当英国人在同年的10月7日发动攻击的时候，安诺德虽然没有得到授权，却集合了革命军队。他的领导才能和善战的能力又再一次使他的军队获得胜利。国会为了表示酬谢，就升他为少将。

1779年，安诺德和一位英国拥护者的女儿结婚。而在那一年春天他受金钱的诱惑，第一次偷偷地向英国输诚。1780年5月，安诺德请求指挥西点要塞。在他得到了委任后，立刻通知英国，要求英国付出2万英镑，他就把西点交给英国。他早已计划要这样做了。

安诺德卖国的动机只是个人原因而不是政治因素，而他的行为必将为世人所不耻。

我们每个人都应有所觉悟，在自己的生命中，练就宝贵的人格。这一人格，不是富贵所能淫、贫贱所能移、威武所能屈的。这一人格，是任何代价都买不到的。甚至在必要时，宁可牺牲自己的生命，来成全这种人格！

为什么林肯去世已久，而他的声誉却越发光大，有如日月经天、江河行地呢？正是因为林肯生前、

公正自持，廉洁自守，从来没有玷污过自己的人格，糟蹋过自己的名誉。"人格与操守，是世界上伟大的力量"，这句格言从林肯身上得到了验证。

许多人为了取得一点点的小名小利，拿自己的人格和名誉做赌注，就像在跑马场中赌博一样地面无音色，这是一种多么可悲的行为啊！

一个人尽管有了一笔财产，但最终落得一个到处为人指责、受人耻笑的地步。如果这样，财产对他又有什么用处呢？

人格和操守，是我们从事事业的最可靠的资本。要想做一个自求进步的人，我们必须具备高尚的人格，因为，一个人能够知道尊重自己的人格，不把自己当做一件物品买卖，不肯为薪水、金钱、势力、地位而出卖自己的人格，堕落自己的操守，那他一定能成为社会上具有一定影响力的中坚分子。

拒绝劣根性

美国伟大的心理学家威廉·詹姆士曾说过："正像我们零碎喝了好多酒而变成酒鬼一样，我们也可做很多零碎的事情和很多小时的工作，而变成权威人物和专家。"他强调戒除任何不良习惯的重要原则是断然戒除，让每一个人都知道你戒除了这个习惯，"永远不要让一次例外发

生，这有利于我们培养高尚的道德标准，成为一个不断进步的人！"

当你做了不正当的事时，你明明知道它不正当，但你还是做了。那是因为你还不能有效地控制或化解内心诱惑你去做这些不正当事情的强烈力量，或者是因为你已经养成了不正当的习惯，而不知道如何有效地戒除。现在重要的是你要认识一个真理：你应做你要去做的事情。

你可以说你必须做某一件事，或者被迫做某一件事，但是事实上不论你做什么，你都是经过选择的。只有你具有为自己选择的力量。你应依照意志说："我要去做。"

你或许会这样问："但是劣根性又怎么解释呢？"

下面的故事，说的就是一位年轻人如何有效地保护他自己，控制了遗传的劣根性而没有受到重大的伤害。

克里蒙特·斯通在参加芝加哥推销高级干部俱乐部开会之前举行的一个鸡尾酒会上，认识了博布·冠兰。当时斯通问博布："你要一杯威士忌，还是一杯波本？"

博布微笑着回答："这两样酒我都不要。我不喝酒。"犹豫了几秒钟之后，博布问："你想知道我为什么不喝酒吗？"

斯通回答说他很想知道。博布继续说："你知道我父亲。每个人都知道他的名字，大家都认为他在那一行中是个天才。他是最好的人。我母亲也很崇拜他。但是母亲却承受了令人难以相信的痛苦，因为父亲是个酒鬼。"

"在有些年里父亲的收入高达5万美元，可是，我们家里却常缺钱用。更糟糕的是，我母亲受尽羞辱、痛苦和恐惧的折磨。"他停了一下又继续说："我爱我母亲，我也爱我父亲。我不责备他。但是当我还是孩子的时候，我就决定，如果像我父亲那样聪明的好人，因酗酒而给家庭带来那么多不幸，我就永远不喝酒。我是他的儿子，我可能遗传到他的酗酒的倾向，即使我没有从遗传中得到这种劣根性，永远不喝第一杯酒对我也没有害处。我永远不喝酒，我想你会理解我的这种行为。"

看了上面的这个故事，你会受到什么启发呢？对于遗传你能够做些什么呢？

你要相信你可以控制遗传的倾向，借着培养那些良好的倾向而化解不好的。你有选择的力量，不要向错误的方向走出第一步。正如克里蒙特·斯通所说，如果某一种习惯已经证明有碍你前进的脚步，你就不要故意开始这种习惯。像博布一样，不要冒险，学着拒绝劣根性，做一个有上进心的人。

寻回真实的自我

如果说劣根性是由先天遗传造成的，而心理障碍往往是由后天个人调节不当造成的。在人生旅程中，每个人都会碰到出现心理障碍或无法达成心愿的时候，这时你只要设法寻回真实的自我，就可以重新营造自己的生活。为了克服心理障碍，你必须对自己有信心，没有人能改变你的人生观，只有你能使自己进步。当你觉得不顺心时，这表示你已偏离了真实的自我。请你谨记：你是你自己的主人，只有你自己才能改变自己的精神状态。

二战期间一个名叫维克多·弗兰克的精神病博士曾经在纳粹集中营中被关押了很多日子，饱受凌辱。

当时弗兰克曾经绝望过，因为集中营里只有屠杀和血腥，没有人性、没有尊严。那些持枪的人，都是野兽，他们可以不眨眼地屠杀一位母亲、儿童或者老人。

弗兰克时刻生活在恐惧中，这种对死亡的恐惧让他感到一种巨大的精神压力。集中营里，每天都有人因为精神上的恐惧而发疯。弗兰克知道，如果自己不控制好自己的精神，也难以逃脱精神失常的厄运。

有一次，弗兰克随着长长的队伍到集中营的工地上去劳动。一路上，他产生许多疑问：晚上能不能活着回来？是否能吃上晚餐？他的鞋带断了，能不能找到一根新的？这些疑问让他感到厌倦和不安。于是，他强迫自己不再想那些倒霉的事，而是刻意幻想自己是在前去演讲的路上。他想象自己来到了一间宽敞明亮的教室中，精神饱满地发表演讲。

当弗兰克想到这些时，他感到一种从未有过的轻松，他仿佛又回到了从前，全身充满了积极向上的朝气。弗兰克知道，他不会死在集中营里，他会活着走出去。

当从集中营中被释放出来时，弗兰克显得精神很好。而他的朋友们几乎难以相信，一个人可以在魔窟里保持年轻。

这就是精神的力量。有时候，一个人的精神可以击败许多厄运。因为对于人的生命而言，要存活，只要能满足温饱就可以，但要存活下来，并且要活得精彩，就需要有宽广的心胸、百折不挠的意志和克服心理障碍的智慧。

因此，从某种意义上说，人不是活在物质里，而是活在自己的精神里。如果精神垮了，没有人救得了你。所以，不管外在环境如何，你都有能力克服自己的心理障碍。你必须不断提醒自己：不管外在环境让你多么不快乐，这些都只是假象。你必须看得深一点，找回心中的喜悦、关爱、信心与祥和，如此一来，你就能重拾创造未来、实现梦想的能力，从而取得更大的进步。

请你培养积极的人生观，告诉自己：

"从现在开始，我能为自己的感受负责，任何情况都不会影响我的好心情。"

"从现在开始，就算我脱离了真实的自我，我也有办法重新找到它。"

只要主动面对心理障碍，敞开心门，就有机会找回真实的自我。每当你重新寻回真实的自我，你就能充分发挥与生俱来的潜能，不断进步。

有了以上的领悟，现在你可以充满信心地踏上人生的旅程。你不但知道如何克服心理障碍，也知道如何实现愿望，你的人生必将因你自己的努力而更精彩！

用自我暗示提升自己

你有没有注意过动物园的象和马戏团的象有什么不同的习惯？一般来说，动物园的象要被关在铁栏中或厚的钢筋水泥房中，才能令人放心。它们能在有限的环境中自由活动，却无法走到外面去，而游客可以在外面放心地参观。也就是说，动物园的象是在坚固物体的包围下生活。

然而马戏团的象的情形则大不相同。马戏团的象要在各地巡回演出，在观众面前表演，需要不时和人接触，因此不可能把它们关在巨大的钢筋水泥房内，而人类必须想办法把它们饲养在棚内，并加以管理。由于象的力气非常大，因此驯兽师便要设定某种条件，也就是某种消极的条件进行约束。他们通常在小象刚出生不久之后，便把它用粗绳子拴在一根深埋在地上的巨大水泥柱上。小象在挣扎无数次也无法摆脱绳子的束缚后，便会放弃努力。这样，等到以后驯兽师用一根细的绳子拴住它时，它也会因为以往努力的失败印象而放弃挣脱绳子。即使小象长成了力大无比的大象，也不会再去试着挣脱束缚。

你和马戏团里的象是否有相似之处？假如有条绳子把你往前进的反方向拉，你能挣脱它吗？你能按自己希望的那样自由行动吗？你总是原地不动只因为你自认不会成功吗？

真实的自我会受暗示的影响。如果有人断定说我们不会成功，我们往往会相信，而且常常是自此以后就不再去为成功而努力了。如果我们曾经有过一两次失败，我们也常会相信自我给予的消极暗示。

有一些方法可以帮助你摆脱绳索的束缚而成为有用之才，即用自我暗示来提升自己。

你应该相信自己能够成为杰出

的人，相信自己今天会比昨天做得更好。

今天就是全新的开始，不要让昨天发生的事情或昨天别人对你说的话影响你今天的行动。今天你要养成新的习惯，做出新的决定，建立新的目标；今天你要微笑，你要振作向上；今天你要学习新观念，做新事情。

你怎样才能满怀希望地积极进取呢？你可以对自己说："我就是我，我不是别人说的那个我，我能做好更多的事情。"你可以每天都多次重复这些话。

你应该保持你的思想在你应该想的事情上，如此，你就可以经由自我暗示而影响你的潜意识，从而获得更大的进步。

思想是最有效的暗示方式——通常比视觉、嗅觉、味觉和触觉所感受到的更有力量。你的潜意识具有你所知的和未知的力量，你必须控制这些力量以提升自我。

如果有人对你说："尝试去做对的事情，只因为它是对的。"这就是他给你的暗示。如果你对自己说"努力去做对的事情，只因为它是对的"，这就是自我暗示。

关于自我暗示的作用，克里蒙特·斯通强调我们应该注意以下情形：

1. 暗示来自外面（你周围的环境）；

2. 自我暗示不是自动的或发自内心的有目的的控制；

3. 自我暗示自己本身发生作用，像一部机器受到同一刺激以同一方式反应出来一样；

4. 从五种感官中所得来的思想和印象都是暗示的形式；

5. 只有你能够为你自己思想。

我们可以在每天早晨和每天晚上——白天更要经常练习——重复说："努力去做对的事情，只因为它是对的。"这样，当你面临诱惑的时候，这句自求进步的话就会从潜意识中闪进你的意识思想，使你去做正确的事情。

这样，经由重复，你就会养成一种良好的习惯，有助于开拓你的前途。因为你的前途植根于你的品行，而品行的好坏在于能否克服诱惑，提升自己。很多人正是由于养成了"努力去做对的事情，只因为它是对的"的习惯，提升了自己，所以获得成功。

因问题而成长

在寻求成功的道路上，在我们渴求提升自我、不断进步的同时，必然会遇到很多问题。正是因为我们经常面对问题，所以才得到成长，使自己的能力变得更强。有心参加奥运赛跑的选手，如果以往下坡跑来训练自己，绝对没有机会获得冠军。反之，如果平日训练的时候就往上坡跑，速度及耐力必定会随之增长，取胜的机会也就大得多了。

风靡当今西方世界的商业《圣经》——《世界上最伟大的推销员》的作者奥格·曼狄诺在担任克里蒙特·斯通的《成功无限》杂志总裁一年之后，靠着全国广播的广告宣传，将杂志的发行量创下前所未有的高纪录。然而，由于奥格的一次严重的判断错误，不仅减缓了他们进步的速度，还让公司损失了一笔财富。

当奥格发现他的错误后，立刻打电话给斯通。见到斯通后，奥格毫无保留、一五一十地将如何把事情弄砸的实情报告给他。斯通听得非常仔细，中间只是为了弄清一些事实，才开口打断了几次。等奥格终于报告完毕后，他心想这下可是让斯通先生对他彻底失望了，他只有默默地坐在那里，等着他的出版生涯就此结束。

但是斯通先生抽着他那长长的哈瓦那雪茄，一直抬着头好像在研究着天花板。最后，他终于转过头来，对着奥格微笑着说："奥格，那真是太好了！"

"太好了？这个人莫非是疯子？我毁了他心爱的杂志，又害他赔了一大笔钱，而他却告诉我太好了！"奥格一句话都说不出来，他已经吓呆了。这时斯通向他靠过来，拍拍

他的手臂很温和地说："那的确是太好了，奥格，让我解释给你听。"

接着，这位了不起的人物教给了奥格一个成功的规则，在过去长达1/4个世纪里，这个规则所带给奥格的影响是无穷的。斯通仔细地说明，虽然他知道杂志的发行会有很大的麻烦，但是，他相信，如果奥格能和他一起努力研究困难所在，那么他们必能在那些麻烦中找到一颗好种子，用那颗好种子来扭转颓势。在接下来的几个小时里，斯通和奥格从各个不同的角度来讨论问题所在。最后，他们终于研究出一个计划，这个计划后来不仅让他们将那笔庞大的损失弥补了，并为以后几年，带来不少广告收入。而和斯通谈话的那几个小时对奥格这一生来说，的确是一次最伟大的学习体验。

你也应该像斯通所说的那样，在问题中发掘好的种子，训练你自己，在你遭到任何难题的时候，你的第一个反应便是"那太好了！"，然后再花时间去从你严重的问题中寻求任何对你有利的地方。

人的生命中最大的考验，就像打高尔夫球一样，并不是在于如何避免难打的状况，而是在我们不幸将球打进一片茂草之后，如何再将球给打出来。所以等到下一次困难、险阻或任何问题到来时，你应该笑着对自己说："我成长的机会来了！"

不断地尝试

人一生会遇到很多问题，但你是否遇到过这样的问题："如果去尝试，后果将会怎样？"这种想法本身就是与成功作对的一个敌人。这个成功的敌人总是让我们去想："如果我失败了，那怎么办？我去试过了，但没能成功会怎样？"这种想法会使你放弃努力。

有一位战胜了这个对手的人，他的故事一定会对你有所启发。那是1832年，当时他失业了，这显然使他很伤心，但他下决心要当政治家，当州议员，而糟糕的是他竞选失败了。在一年里接连遭受两次打击，这对他来说无疑是痛苦的。

他又开始着手自己开办企业，可一年不到，这家企业又倒闭了，在以后的17年间，他不得不为偿还企业倒闭时所欠的债务而到处奔波、历尽磨难。

他再一次决定参加竞选州议员，这次他成功了。他内心因此而萌发了一丝希望，认为自己的生活有了转机："可能我可以成功了！"1835年，他订婚了，但离结婚还差几个月的时候，他的未婚妻不幸去世。这对他精神上的打击实在太大了，他心力交瘁，数月卧床不起。在1838年他觉得身体状况良好时，决定竞选州议会议长，可他又失败了。

1843年，他又参加了竞选美国国会议员，这次他仍然没有成功。

要是你处在这种情况下会不会放弃努力？他虽然一次次地尝试，但却一次次地遭受失败：企业倒闭、情人去世、竞选失败。要是你碰到这一切，你会不会放弃——放弃这些对你来说很重要的事情？

他没有放弃，他也没有说："要是失败会怎样？"1846年，他又一次参加竞选国会议员，最后终于当选了。

2年任期很快过去了，他决定要争取连任。他认为自己作为国会议员表现是出色的，相信选民会继续拥举他，但遗憾的是他落选了。

因为这次竞选他赔了一笔钱，所以在他申请当本州的土地官员时，州政府把他的申请退回来，上面指出："做本州的土地官员要求有卓越的才能和超常的智力，你的申请未能满足这些要求。"

接连又是2次失败，然而，他并没有服输。1854年，他竞选参议员，失败了；2年后他竞选美国总统提名，结果被对手击败；又过了2年，他再一次竞选参议员，还是失败了。

这个人尝试了11次可只成功了2次。要是你处在他这种境地，你会不会早就放弃了呢？

这个在9次失败的基础上赢得2次成功的人便是亚伯拉罕·林肯，

他一直在寻求不断地自我进步。而就在 1860 年，他当选为美国总统。

亚伯拉罕·林肯遇到过的敌人我们都曾遇到过。林肯面对困难没有退却、没有逃跑，他坚持着、奋斗着。他压根就没有想过要放弃尝试，他不愿放弃努力。就像我们一样，林肯也有自由选择权。他可以畏缩不前，不过他没有退却。我们也可以同样在困难面前不必退却逃跑。

每当你遭受挫折时便放弃，不再努力了，那么你就绝不会胜利。失败者总是说："你要是尝试失败的话，就退却、停止、放弃、逃跑吧！你不过是个无名小辈。"千万不要听信这种谰言。成功者对此从来都不加理会，他们在失败时总会再去尝试。他们会对自己说："这是一条难以成功的道路，现在让我再从另外一条路上去尝试吧！"

克里蒙特·斯通曾告诉过我们一个成功的诀窍：每当你失败时，再去尝试，原谅自己的过失，用积极的人生观激励自己不断进步！

此外，在谈及不断尝试对成功的重要作用时，克里蒙特·斯通曾对其子女感叹地说："我看到许多在年轻时极有才华的人，一生却一直都是默默无闻，而他们毫无建树的最大的原因是这些人在年轻时，不敢大胆尝试，以至于所有的才华都被埋没了。倘若这些人在年轻时，

有人引导他们去尝试一些他们应该做的，却又不敢做的事，那么这些人的才华便能得以发挥，他们的生活将会变得更美好。所以，我希望你们在人生之路上无论遇到什么样的难题，都不要放弃继续尝试的机会！"

要想实现成功的目标，我们必须每天都有一个清晰的开端。每天早晨不要对自己说："我可能会在考验中失败，在工作中受挫。"不要这样想！你应该这样对自己说："今天我可以做好我力所能及的工作，昨天或者前天的失败并没有什么关系。今天是崭新的开端，让我再来尝试！"

你害怕自己的好点子吗

虽然我们有勇气在困难面前不断尝试，但是在我们面对自己的灵感时却可能感觉到一种胆怯。新点子找上我们之初，我们难免会有点害怕。也许它们显得太新奇、太不实际，而害怕自己的好点子必然会阻碍我们的进取。当然，抱着一个新念头迈出第一步是需要一点胆量的，但是造成光辉灿烂结果的通常也正是这种胆量。

1955 年，美国"国际销售执行委员会"派遣 7 名代表前往亚太地区，克里蒙特·斯通是其中之一。在 11 月中旬的一个星期二，他在给

澳洲墨尔本的一群商人演讲中讲了这样一个故事：

麦克·莱特是吉弟卡片公司的老板，也是加拿大最年轻的企业家之一。他6岁时，某次参观完博物馆之后，就开始打算盘，看自己能不能画几幅画来卖钱。他母亲建议他把画印在卡片上出售。由于他有一些与众不同的构想，所以很快就走上了成功之路。

莱特在他母亲的陪伴下，挨家挨户去敲门，言简意赅地说出要点："嗨！我是麦克·莱特，我只打扰一下，我画了一些卡片，请买几张好吗？这里有很多张，请挑选你喜欢的，随便给多少钱都可以。"他的卡片是手工绘在粉红色、绿色或白色的纸上，上面有一年四季的风景。莱特每周工作六七个小时，平均每张卖7角5分，一小时可以卖25张。

不久，莱特就发现自己需要帮手，他立刻请了10位员工，大都是小画家。他付给他们的费用是每张原作2角5分。后来由于把业务扩展到邮购，所以莱特越来越忙碌。第一年做生意，莱特已经成了媒体上的名人，他上过许多著名的新闻媒体，他的名字几乎是家喻户晓。

莱特有别出心裁的点子，不在乎自己的年龄，再加上母亲的鼓励，小小年纪就有了自己的事业。你是否也有别具创意的好点子？果真如此，你还等什么呢？

好点子不介意主人的年龄、性别、种族、宗教或肤色，也不在乎主人怎样运用它。只要你勇于将你的新点子付诸实施，保持积极进取的心态，你就一定会将其变成现实！

满足心灵

前面我们说过自满是无形的蛀虫，它会使我们停滞不前，更不用说将我们的好点子付诸实施了。而世界上最了不起的人也只在他感到不满意——全然不满意——的时候，才可能会有进步。因为唯有心灵上的不满意，才能够把欲望变成奇迹般的事实。

前文我们曾提到过博布·冠兰是克里蒙特·斯通的好友。一次在和斯通探讨有关心灵不满足的力量以及正确的人生观时，博布说起他的姐夫乔医生的事。乔医生是得克萨斯州人，行医已经有50多年了。33年前由于他声带长癌，他的声带必须要割除掉。这项很精细的手术救了他的命，但是他却再没有办法说话了。

后来，不知他在什么地方听说一个叫老凯钟的乡下医生，也同样因癌症割除了声带。老凯钟希望不戴人造器具而能恢复自然说话的能力，因此，他成功地发展出完美惊人的技巧。首先他吸入空气，再把空气提升到喉咙和嘴巴，又用舌头顶着牙齿内侧，就这样利用空气的压力，形成声音。最后他说话说得很好。

乔医生听到这个故事后，大受鼓舞，他相信他没有声带也可以说话。在他喉咙的伤口好了以后，他就尝试发出各种声音。起初情形当然很令人沮丧，但是他继续努力。看起来他似乎根本没有办法发出他所要的声音了。但是有一天，他居然能够清楚地发出各种母音。这使他有了新的希望，他就更加努力。一天一天过去，他也日有进步。首先他学会了精确地发出母音，然后发出 26 个字母，再就是单音字。再经过努力，他又能够发出二音节或三音节的字，最后他获得了完全的成功。不久他就说个不停了。

虽然他说话的声音还是有点不太完美，但别人都能听懂他的话——甚至在电话中也能够让人听懂。起初，当他很难说出来一个字的时候，他会先停下来想一想，然后说出同义字。现在已经没有这个问题了，他说起话来似乎毫无困难。

乔医生攻克了自身的难关后，经常用极有趣味的技巧以使别人建立起信心来。当其他的医生介绍某个割除声带的人去看乔医生时，这名病人就会发现乔医生的客厅里有很多人。这个病人还可以看到乔医生从办公室中走出来，运用他那不太完美的声音和别人谈话。他微笑着，看起来很快乐，而事实上他也确实很快乐。

等到病人跟着乔医生走进办公室，乔医生会告诉他，自己是如何听到老凯钟乡下医生的故事而大受鼓舞，以及他是怎样教自己说话的。

一般说来，病人听了这段故事，就会想象他将来也能像乔医生一样说话，因此也极为兴奋。乔医生还会告诉他必须努力练习，而且一再地练习。

博布认为乔医生是他所认识的人中最忙碌的一个。他在三家医院工作，75 岁时还每天工作。他曾一度被提名为得州的年度最优秀的医生，有一次甚至获得了国家利泰奖章。又由于为贫民义诊，他还获得了罗马教皇保禄十二世授予的爵位。

从乔医生的故事中，我们可以明白这样一个道理：每一个人都会长大成熟、逐渐衰退而死亡，除非他获得新的生命、新的血液、新的行动、新的想法。

全世界各种活动的进步，都是由心灵感到不满足的人采取行动的结果——这绝对不是由已经满足的人所造成的。因为不满足是一种驱策我们不断进步的力量。心灵的不满足是积极人生观所产生的结果。如果具有消极的人生观，不满足所产生的驱策力就会使人受到伤害。所以，为了自己能够不断进步，我们必须为心灵的不满足而努力寻求更好的目标，这样才能找到我们的"新大陆"。

发现属于你的"新大陆"

在《大英百科全书》中记载了克里斯多弗·哥伦布惊险刺激的际遇。哥伦布曾经在帕维亚大学研读天文学、几何学和宇宙志；此外，《马可波罗游记》、地理学家的推论、航海家的报导，以及被海浪冲上来产自欧洲以外的艺术品和手工艺品等，都激起他无限的憧憬。

经过一年年、一步步的归纳推理，哥伦布越来越相信地球是圆的。在定下了这个结论以后，他在演绎的推理之下坚信，从西班牙往西航行应该也可以像马可波罗由西班牙往东航行一样抵达亚洲。哥伦布的心里燃起了证实自己理论的强烈欲望，便动手寻找必要的经济支援、船只、人员，去探测那未知的地方。

为了证明自己的想法，哥伦布"采取行动"了。他的心思一直放在自己的目标上。在长达10年的时间里，为了实现自己的目标，他花费了大量的金钱和精力，经常处在捉襟见肘的边缘。他向葡萄牙国王约翰二世求助，向他提出西行的建议，但国王耍弄了他，让他苦等了6年。还有政府官员的讥笑、怀疑和恐惧，以及有些人原本想帮助他，却在最后关头由于身边的那些科学顾问的疑忌而不再相信他……这些给哥伦布带来连续不断的挫折，但是他始终保持一种积极乐观的心态，继续努力寻求援助。

1492年，哥伦布终于得到长期以来坚定追求的回报。就在这一年的8月，哥伦布得到了西班牙王后伊莎贝拉的支持，于是他开始向西航行，目的地是印度、中国和日本。他走的是正确航道，也是正确方向。

这个故事的结局众所周知，哥伦布在加勒比海中的群岛登陆以后，回到西班牙时带着无数的黄金、棉花、鹦鹉、奇特的武器、奇异的植物、不知名的鸟兽以及好多土著。他以为已经到达目的地，到过印度外海的群岛，可是实际上他没有，他根本没有到达亚洲。虽然哥伦布没有马上明白这一点，但他却找到了另外的东西。

也许在现实中，你也像哥伦布那样，没有达到自己崇高的目标或辉煌灿烂的理想；你也可能像他一样，虽然经过许多努力，依然不能达到那未知领域里的一个遥远目的地。但你却可能像哥伦布一样发现一个新的大陆——一些足以与美洲财富匹敌的东西；你也可以像他一样，引导后来的人，使他们走上正确的方向与正确的航道，并继续深入那未知的领域，以致终于完成你所构想的伟大目标。如果你想做一个自求进步的人，那么你就应该像哥伦布一样，用时间和能力去思考，并以积极的人生观、坚毅的努力去追寻自己的目标，以期找到属于你的"新大陆"。

日益更新，与时俱进

水不流动，必至污浊。同理，一切事业，假如当事人不常留意对之进行改进、改良，努力使之日益更新，最后准会落伍，以致失败。努力上进并有所成就的人有一个显著的特征，那就是他无论在哪里，在什么场合都在追求进步。他唯恐自己的事业不进则退，唯恐自己的竞争力落后。

克里蒙特·斯通曾告诉他的朋友，用一星期的时间去拜访国内同行，可以完全更新他关于经营上的看法。他每年总要外出旅行一次，去考察一些著名企业公司的管理方法与经营技巧。斯通觉得，要使自己能够站在广阔的、不偏不倚的角度来观察自己的经营，使自己的事业不会衰败，这种旅行是绝对必要的。

斯通还说，除了获得种种经营上的新方法、新观念、新暗示以外，他每次旅行回来，总觉得自己的公司与旅行以前大不一样了。自己在处事、经营上的小缺点，员工的小疏忽，以前不曾注意到，或者

虽然注意到，但总以为是无关紧要的细微弱点，现在都被他所察觉，并引起了他足够的注意。由于有了新的想法，视野也扩大了，以前的一些"细微"的事现在成为重要的了。于是他就会进行革新，改进管理经营的方法，辞退无能的员工，而以一种崭新的气象来重新开始他的事业。

一个不出自己家门一步，不同别人接触的人，他的观点一定是盲目的，不容易察觉缺陷的。而扩大自己眼界的唯一办法，就是要容纳新的光明，常常以别人为榜样。

自满是无形的蛀虫。的确，任何人都不可以在自身的发展达到某一点时，就表示满足。应该经常要求自己超越已经达到的那一点，力求精益求精。假使一个人自满自足，以为无可再进，无可再前，那么他事业的衰落从此就开始了。

所以，每天早晨起来时，你就应当下定决心，力求较昨日有所进步。你应当力争把事情办得比昨天更好。这样，在傍晚时，你才会心里踏实。你每天都应当谋求若干进步，每天向前迈几步，甚至几级。这样，在坚持了一年之后，你会发现，你的业绩有了惊人的进步。

人体的血液，必须不断新陈代谢，才能维持身体的健康强壮。同样，要保持你自身的前进，也必须日益更新自己的观念，与时俱进。

不断摄取新观念，这样才能使你在时代的潮头立于不败之地。

时间一天一天过去，其中有好的运气或坏的运气；时间一年一年过去，其中有成功或失败。你拥有的是好运还是坏运，是成功还是失败，选择在于你。你掌握着自己命运之舟的舵柄。无论是今天、明天或遥远的未来，你都可以按照你的选择决定你前进的方向，而为了使你的前途充满阳光，你必须为明天的到来做最充分的准备。

第三章　为明天做好准备

> 你应该有这样一种信念，世上有一项非你莫属的任务等待着你去完成。因此，你必须不断超越自己，为明天能出色地完成属于你的任务而做最充足的准备。
>
> ——席　勒
>
> 你必须克服自身的缺陷，全面地完善自我，你的成功就取决于你自我的演进。
>
> ——茨威格

在每个人的生命中，总会有重大的机会降临。你能否将机会抓住，全看你有无相当的能力作为储备力量。此时你所面对的问题，实际上就是你所储备的能力是否足以使你渡过难关。

有多少人，因为在事业上没有充分的准备，以致一败涂地。他们以为自己的能力足以应付目前的事务，就不做更充分的准备。他们不想把基地掘得更深些、基础打得更牢些，他们也不想多储藏些能力，他们更不用远大的眼光去观察生命。

克里蒙特·斯通曾经说过，一个人在遭遇重大事件时，能否取得成功，关键在于他所做的战斗力之准备有多少。普法战争以前，普鲁

士的毛奇将军在军事上所做的准备，最能佐证战斗力的储备和军事计划的准备是否充分，可以决定能否克敌制胜。毛奇将军的行为，值得每个有志成功者效仿。

在毛奇将军的统帅下，普鲁士的将帅，都奉有各种关于军队调度、行军方略的密令。只要一接到动员令，就可以立刻遵照着行动，而且兵站也预先设置在地位最适当、交通最便利的地点，以免作战时运输不通。

毛奇将军对于所订下的作战计划，也常常加以变更、修正，为求精益求精，适合当时的形势，以备战事在任何时候发生时都能指挥若定，应付自如。据说，1870年所执

行的作战计划，毛奇将军早在 1868 年就订下了。所以战争一爆发，毛奇将军所指挥的军队，其行动准确得像时钟的转动一般分毫不差。

法国的军事当局与毛奇将军的深谋远虑和苦心运筹，正好成反比！普军事事都有准备，而法军却一点准备都没有。战事一开始，前线法军向后方发出的告急电报就纷至沓来！给养不足、驻军不便、军队无法联络，一切都混乱不堪，致使法国步步失算，处处落后。结果城下乞盟，忍受古今中外无与伦比的奇耻大辱！

同样，一个人假使没有储备与准备相当的能力，他在人生的战斗中，就一定会遭遇失败的厄运。

多数人的生命之所以卑微渺小，就在于他们对自己的生命所注入的资本太少，在教育、训练与思想上所下的功夫太浅。

要想得到丰盛的收获，就必须要先耕耘泥土，在播种时节，则应播撒良好的种子下土。

假如你不肯在你的生命中投入些什么，你就不能从你的生命中取出些什么来，就像你没有把款项存进银行，就不能向银行提取款项一样！

一个立志成功的人，一定会时刻自策自励，准备在人生的竞技场上崭露头角。他无时不在训练自己，正像那些运动员一样，从不荒废自己强健的身体和竞技状态，并刻苦奋斗，以争取比赛的胜利。他们相信只有为明天做充足的准备，才能获得成功！

创造成功的机会

成功的道路，固然需要付出汗水和艰辛的努力，但少不了机会的作用。机会有如棒球赛中的幸运球，当球飞来时，你恰好站在合适的位置，挥棒接住幸运球，就会赢得观众的齐声喝彩。机会的来临往往是突然的，然而大部分还是要靠自己去创造。我们要想获得成功，必须善于创造条件，把握机会。

许多成功者，就是因为能掌握住机会来临的那一刻，只要一有好机会就紧抓不放，所以才能有所作为。克里蒙特·斯通在谈及机会与成功者之间的关系时，曾举了这样一个例子：有一个撰写广告语的人，在一家广告代理公司工作。他在工作上表现得很出色，同时他在同事间很受敬重。然而有一天，他有了个机会跟另一个从事文字广告的人，合伙开设一间属于他们自己的广告代理公司。这时，你认为他该不该冒这个风险？他应该下海，还是待在原有的工作岗位上？这个人决定冒险一试。刚开始的时候，事情并不顺利，两个人有好一阵子一直在逆境中挣扎，但这名年轻人却从不后悔他的举动。如今，这家广告代理公司已是生意兴隆。

当机会来到时，它出现的方式与方向让人难以预料，所以许多人在攀登成功顶峰的路途上往往错过很重要的一步，因为他们没有把握住难得的机会，虽然机会就在他们眼前。而除了要善于把握机会之外，我们还应该努力为自己创造机会，以下几点是克里蒙特·斯通提醒我们需要注意的地方：

1. 想方设法表现自己的才华

要设法跻身到能够借以充分表现自己才华的行列，应选择充满希望和发展前景的工作环境。让你的才华得到公众的赏识，一定能给你带来诸多发展机会。

2. 善于让自己处在有利的位置

掌握战斗中的有利地形、制高点，进可以攻，退可以守；让自己处在观察和被观察的地位，既可以让你有所回顾，又成为众人瞩目的对象。这样周围的人就会为你创造出各种机会，机会就会接踵而至。

3. 学会推销自己

极力使自己引人注意，不断地进行自我宣传。在易引人注意的地方工作，努力以工作表现自己。

4. 要把事情办得尽善尽美

要想使你周围的人认识到你是一个积极、主动、富于进取心和有耐性的人，你应尽力将事情办得完美。在工作上肯加油干的人，比起那种等着下班的人，机会要大得多。

"没有机会"永远是那些失败者的托辞。当我们尝试着步入失败者的群体中对他们加以访问时，他们大多数人会告诉你：他们之所以失败，是因为不能得到像别人一样的机会；因为没有人帮助他们；没有人提拔他们。他们还会叹息：一切好机会都已被他人捷足先登，而他们是毫无机会了。而成功者却从不怨天尤人。他们只知道尽自己所能迈步向前，他们不会等待别人的援助，他们自助；他们不等待机会，而是自己创造机会。

我们每个人，只要善于抓住当前机会，并具有为目标而奋斗的精神，都有获得巨大成功的可能。但我们必须牢记，我们的出路在自己身上。如果总是以为出路是在别处或别人身上，那么注定是要失败的。正如克里蒙特·斯通所说，你成功的可能性就孕育在你自己的生命中，机会不会不期而至，全靠自己掌握和创造，而抓住人生旅程中的任何机会，幸运的大门也就离你不远了。

戒除拖延的不良习惯

在我们的一生中，有很多时候良好的机会总是一瞬即逝。如果我们当时不把它抓住，以后就永远失去了。所以，我们在把握机会的同时，还要及时将机会变成现实，千万不能拖延。

习惯中最为有害的，莫过于拖延的习惯，世间有许多人都是为这种习惯所累，以致造成悲剧。

在美国争取独立的一次战争中，一天，英军统帅拉尔上校正在玩纸牌，这时忽然有人递来一个报告说，华盛顿的军队已经到达德拉瓦尔了。拉尔上校充耳不闻，将报告塞入衣袋中，等到牌局完毕，他才展开那份报告。而待到他立刻调集部下，出发应战时，已经太迟了，结果是全军被俘，而拉尔上校也因此战死。仅仅是几分钟的延迟，却使拉尔上校丧失了尊荣、自由与生命！

克里蒙特·斯通在主编《成功无限》杂志时，曾一再提醒他手下的编辑不要拖延手头的工作。因为拖延的恶习不仅会造成一些悲剧，还会使我们生命中许多美好的憧憬、远大的理想不能实现。假使我们能够抓住一切机会，实现一切理想和每一项计划，那么我们的生命真不知要有多么伟大！然而我们总是有机会却不能抓住，有理想却不能实现，有计划却不去执行，终至坐视这些机会、理想、计划一一幻灭和消逝！

譬如，一个生动而强烈的意象、观念突然闪入一位作家的脑海，使他生出一种不可阻遏的冲动，想要提起笔来，将那美丽生动的意象、境界书写出来，但那时他或许有些不方便，所以不能立刻就写。虽然那个意象不断地在他脑海中闪烁、催促，然而他一再地拖延，到后来那意象就会逐渐地模糊、褪色，终至整个消失！

正如西班牙文学家塞万提斯所说："取道于'等一会'之街，人将走入至'永不'之室！"这真是一句至理名言。所以你应该竭力避免拖延的习惯，就像避免一种罪恶的引诱一样。假使对于某一件事，你发觉自己有了拖延的倾向，就应该赶快行动起来，不管那事怎样困难，都要立刻动手去做。不要畏难，不要偷安。这样久而久之，自能改变拖延的习惯。你应该将"拖延"当做自己最可怕的敌人，因为它会盗去你的时间、品格、能力、机会与自由，而使你成为它的奴隶。

无论什么时候，在你对一件事情充满兴趣、热情浓厚的时候去做，与你在兴趣、热情消失之后去做，其难易、苦乐真不知相差多少倍！当你兴趣、热情浓厚时，做事是一种喜悦；而当初一下子就可以很容易做好的事，拖延了几天、几星期之后，就显得讨厌与困难了。我们每天都有每天的事。今天的事是今天的，与昨天的事不同，而明天也自有明天的事。所以今天之事就应该在今天做完，千万不要拖延到明天！

第三章 为明天做好准备

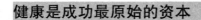

健康是成功最原始的资本

假使你想成功立业，那你就必须将每一丝的精力与体力，视为最宝贵的生命资本。为使你的明天获得更大的成功，你必须拥有一个健康的体魄！

你成功的大小，在于你生命中所蕴藏的资本有多少，你是怎样使用那种资本的，以及在你事业上所能释放出的能量有多少。如果你体内蕴藏着大量的生命资本——充沛的体力与精力，却不知道善加利用，以促使你获得成功，那么它们又有什么用处呢？一个因营养不良而身体衰弱，或因生活不检点而精力受损的人，与一个各个器官、各种机能都健全强壮的人相比，其成功的机会实在是相差太大了。

构筑你成功的材料，就内藏在你的生命中。你的健康就是你的最大资本。你未来取得成功的秘诀，就蕴藏在你的脑海、你的神经、你的筋骨、你的志愿、你的决心以及你的理想之中。一切的一切全靠你的生理与精神状态。你在事业上所付出的体力与精力之大小，可以测量出你最终成功的大小。所以，减少你自己的体力与精力，减少你的生命资本，就是减少你自己的成功机会与生命价值。

你应该认识到任何方式的精力耗损，每一丝的体力损失，都是一种不可宽恕的浪费，甚至是一种不可宽恕的罪恶，因此你必须杜绝每一丝的精力漏失。阻止生命资本的不必要的损失，这样就能将你的全部精力——全部的生命资本最经济、最有效地充分利用。

一台机器不管再怎样精良，若不按时加上适当的油，必将迅速毁坏。人也是一样，在身体机器里加油最好的方法，就是适度的睡眠、定量的饮食、充分的运动，这样能使你所耗去的精力迅速恢复过来。

将你自己的身心保持在健壮旺盛的状态，你就能够感到十分愉快，而不至于感到疲惫或痛苦。假使你处于精力健旺的状态，就仿佛在你的容貌上，从你的毛孔中，都能射出无穷的力量来。

健康是生命之源泉。失去了健康，会兴趣索然，效率锐减，生命也变得黑暗与悲惨，你会对一切都失去兴趣与热忱。有许多人之所以饱尝"壮志未酬"的痛苦，就是因为他们不懂得常常去保持身心的清新、壮健，不懂得健康对于自己事业上的成功的必要性与重要性。

一个生活谨慎的人，有充沛的生命力抵抗各种疾病，渡过各种难关，应付各种打击；相反，一个在平日把精力耗尽的人，却经不起任何事故的打击。所以，要想在人生的战斗中取得胜利，你首先要每天都能以强健的体力和充沛的精力及饱满的状态去应对一切。

你必须善于利用自己体内蕴藏着的大量生命资本、充沛的体力与精力，以促使你获得成功。在任何情形下，你都应当节省自己的精力，储蓄自己的生命力。你应当珍惜你每一丝的体力和精力，因为那是使你得到幸福、取得成功的素材，是使你明天更加灿烂的保障！

不要为缺陷而丧失斗志

前面我们说过健康是成功最原始的资本，但由于某些原因，一些人生来就没有一个健康的体魄。然而，任何身有缺陷却仍渴望成功的人，都不应该丧失斗志。因为生命本身是一种挑战，即使自己有缺陷，但是只要不认输，肯努力去证明自己某方面的本领，一定能获得成功。

总是以自己本身某部分有缺陷而限定自己能力的人，是不聪明的。那只是找借口来掩饰自己害怕失败的心理。

下面的这个故事是克里蒙特·斯通为鼓励他的一些残疾朋友而讲述的。

雷蒙·贝瑞因在幼年生病而身体残疾。长大成人之后他的背部仍然无力，一条腿比另一条腿短，而且视力很差，他必须戴度数很高的眼镜。但是尽管他身体残疾，他还是决心要参加美国大学的橄榄球队。经过不断的努力、辛苦的训练，雷蒙·贝瑞终于达成了目标。后来他又决定参加职业橄榄球队。但是在他大学毕业以后，经过了 19 次的甄选，美国全国橄榄球联盟没有一个队要他。最后在第 20 次甄选中，巴第摩尔队选上了他。

很少人认为雷蒙·贝瑞会入选职业橄榄球队，更不能相信他会成为一个主要队员。但是雷蒙·贝瑞对自己有信心。他穿着背心，在一只鞋子里垫了垫子使步伐平稳，并戴上隐形眼镜使视野清晰。他经常练习作为一个攻击前锋跑步接球的方式。刻苦的训练使他精于阻截、做出假动手闪躲，以及捕接各种角度的传球。

在巴第摩尔队不练习的日子里，雷蒙·贝瑞就跑到附近的球场去，说动一些学生传球给他接。即使在旅馆休息的大厅里，他也常常带着一个橄榄球，说是要保持他的手"对球的感觉"。

最后，雷蒙·贝瑞成为美国国家橄榄球联盟的接球冠军。巴第摩尔队在 1958 年和 1959 年两次获得联盟的冠军，贝瑞也成为明星球员。

我们很容易看出雷蒙·贝瑞为什么会成为一个杰出的球员，原因就在于他能克服自身的缺陷，坚持不懈，永保斗志。

众所周知，举世闻名的大音乐

家贝多芬失聪；残疾者的导师海伦·凯勒是个失聪、失声、失明的不幸姑娘；弥尔顿虽然失明，但仍继续著书；美国发明家荷威小时候身体残疾，家庭贫困，后来他成功制成缝衣机，备受欢迎……从这些成功者的足迹，我们可以看出，缺陷并没有妨碍他们前进。

环顾四周，我们会发觉社会上有许多天生残缺或后天残缺的人，他们对生活充满信心，从不埋怨上天对他们不公平或乞求他人救济，反而自立自强，脱颖而出，成为成功人士。

某种你自以为是不如人而希望改正的地方，或许正是一种最好的特点，假使你能正当利用的话。

要知道一个缺憾可以用来作为宽恕懒惰和胆怯的借口，也可以用来使你克服困难，并获得成功。

保持清醒的头脑

无论是四肢健全，还是身有残缺，要想成功最重要的是在任何环境、任何情形之下，你都要保持清醒的头脑。在别人惊慌失措时，你要保持镇静；在旁人都在做愚蠢可笑的事情时，你仍能保持正确的判断力。能够这样做的人，他一般具有强大的稳定性，也是一个能找到平衡且能自制的人，这样的人必然会有所成就。

一个头脑容易模糊的人，一面临非常事件或受到重大压力时就张皇失措的人，是一个弱者，不能担当重任。而那些当别人束手无策，却知道怎样处理的人，即使有重大的责任搁在他的肩上、重大的压力加在他的身上，仍不慌张混乱，这种人会处处受欢迎，并为人所重视。

头脑清楚、思想平衡的人，不会因环境、情况之变更而有所改变。金钱的损失、事业的失败、忧苦与艰难，不足以破坏他精神上的平衡，因为他能执意坚守自己的原则。他也不会因稍微顺利、小有成功，就傲慢自满起来。

克里蒙特·斯通之所以能成为一个保险业的巨子，就是受赐于他精神的镇静与沉着。他对于自己在精神力量上的自觉自信，超越了许多怀疑、不信任自己能力的人。斯通认为理智健全、头脑清楚的人并不多见，他们常常"供不应求"。而许多有本领的人，虽然在许多方面的能力都十分出色，但也会做出种种令人不可思议而且愚不可及的事情来。这是因为他们不健全的判断、不清楚的头脑，常常会阻碍他们的前程，像流经高低不平区域的江水，后波每为前浪打回，再也无法前进一样。

所以，斯通劝诫我们：不管处于何种环境之下，我们都应该脚踏实地。即使跌倒了，也可以立刻站起来，而不至于失去平衡。我们应该在别人都慌张混乱的时候，仍能镇定如常，思虑周详。这种状态能给予我们无穷的力量，使我们在社会上占据重要的地位。惟有头脑清楚的人，才能在惊涛骇浪中平稳地驾驶船只，才能够担当重任、完成大事业。而动摇、犹豫、没有自信的人，碰到难关就会退缩，遇到灾害就会丧胆，经不起风雨，必将一事无成。

如果你希望他人承认和称许你"头脑清楚"，你必须真正努力去做一个头脑清楚的人。而假使你能常常强迫自己去做你认为应该做的事，而且竭尽全力去做，始终保持头脑清醒，那你的品格、你的判断力，必会大大地增进，这将为你明天的成功打下良好的基础。

坚定信念

前面我们提到过的美国哈佛大学的威廉·詹姆斯，被认为是当代最伟大的哲学家兼心理学家，他常常说："信念促成事实。无论做什么事，信念是最重要的因素。没有信念就没有结果，信念是成功的基本要素，决定着事业的成功或失败，信念比能力更重要。"换句话说，你的事业成功是你坚定的信念促成的，不是因为你天资过人。

信念是一种能激发起大量灵感的神奇力量，信念也是一种能促使人们完成令人难以置信的伟大业绩的力量。

1952年，世界著名的游泳好手弗洛伦丝·查德威克从卡德林那岛游向加利福尼亚海岸。2年前，她曾经横渡英吉利海峡，现在她想再创一项纪录。

这天，当她游近加利福尼亚海岸时，嘴唇已冻得发紫，全身一阵阵地寒战。她已经在海水里泡了16个小时。远方雾霭茫茫，使她难以辨认伴随着她的小艇。

查德威克感到难以坚持，她向小艇上的朋友请求："把我拖上来吧。"艇上的人们劝她不要向失败低头，要她再坚持一下。"只有1000多米远了。"他们告诉她。

然而，浓雾使查德威克难以看到海岸，因此，她以为别人在骗她。"把我拖上来。"她再三请求。于是，冷得发抖、浑身湿淋淋的查德威克被拉上了小艇。

后来，她告诉记者说，如果当时她能看到陆地，她就一定能坚持游到终点。大雾阻止了她去夺取最后胜利。

这件事过后，查德威克认识到，事实上，妨碍她成功的不是大雾而是内心的疑惑。是她自己让大雾挡住了视线，迷惑了心智，先是她对自己失去了信心，然后才被大雾给俘虏了。

2个月后查德威克又一次尝试着游向加利福尼亚海岸。浓雾还是笼罩在她的周围，海水冰凉刺骨，她同样望不见陆地。但这次她坚持着，她知道陆地就在前方；她奋力向前游，因为陆地在她的心中。

查德威克终于明白了信念的重要性。她不仅确立了目标，而且懂得要对目标充满信心。

你同样也能确立目标，你也能使梦想变成现实，但首先你必须相信能够实现这一梦想。

千万不要让形形色色的雾迷住了你的眼，不要让雾俘虏了你。你面前的雾在任何时候、任何地方都可能出现。

请考虑一下你的信念。你对工作、前途、精神生活、自我的信念是什么呢？

你是抱有崇高远大的信念认为"我能够"，还是怀着懦弱消极的念头认为"我做不好"呢？

要是你认为你不会成功，那事实上你也不能成功。就像查德威克第一次未能渡过加利福尼亚海一样，还没有到达对岸，就已经放弃努力了。要是你相信自己能够达到目标——就像查德威克第二次尝试那样——你就会成功。

你要知道，对自己具有的某种信念会引导我们向新的方向出击，甚至会因此创造出新的奇迹。

不再自卑

据说，只要拿破仑一亲临战场，士兵的战斗力量就会增加一倍。因为军队的战斗力，大半要依赖于士兵对于其将帅的信任。如果统领军队的将帅显露出疑惧慌张，则全军必陷于混乱且军心动摇；如果将帅充满自信，则可增强部下英勇杀敌的勇气。同样，人的各部分的精神能力，也应像军队一样，要对"主帅"充满信心——它是一种不可阻遏的"意志"。

前面我们已经说过，一个人如果具有坚强的自信，往往能够成就神奇的事业。你的成就大小，永远不会超出于你自信心的大小。拿破仑的军队绝不会越过阿尔卑斯山，假使拿破仑自己以为此事太难。同样，在你的一生中，你也绝不可能成就伟业，假使你对于自己的能力心存重大怀疑或不自信。

在第一章的"成功要素的运用"一节中，我们已经知道自信心是比金钱、势力、家世、亲友更有用的成功要素，它是人生最可靠的保障，它能使人克服困难，排除障碍，不怕冒险。对于事业的成功，它比其他的东西更有效。

积极思想之父诺曼·文森特·皮尔在《创造人生奇迹》一书中，在提及自信的重要作用时，曾提到过这样一个故事：

有一次，一个士兵从前线驰归，将战报呈递给拿破仑。因为路程赶得太急促，他的坐骑在还没有到达拿破仑的总部时就倒地累死了。拿破仑收到战报后，立刻下了一道手谕，交给这位士兵，并叫他骑上他自己的坐骑火速驰回前线。

这位士兵看着拿破仑的那匹魁伟的坐骑，还有上面所配的华贵的马鞍，不觉战战兢兢地脱口而出："不，将军，我只是一个普通的士兵，这坐骑太好了，我受用不起！"

拿破仑回答他："对于一个法国的士兵，没有一件东西可以称为太好而不能受用的！"这个士兵听了拿破仑的话后，深受鼓舞，他翻身上马，将拿破仑的手谕及时送回前线，后来这个士兵成为拿破仑手下一个出色的将领。

在这个世界上，有许多人，他们以为别人所有的种种幸福是不属于他们的，以为他们不配拥有幸福，以为他们是不能与那些命运特佳的人相提并论的。然而他们不明白，这样的自卑自抑、自我抹杀，终将使他们一事无成。

有许多人往往认为世界上许多被称为最好的东西，是与自己沾不上边的，人世间种种善、美的东西，只配给那些幸运的宠儿们享受，对他们来讲那是一种奢望。克里蒙特·斯通说过，一个人如果将自己沉迷于卑微的信念之中，那他的一生自然也只会卑微到底，除非有朝一日他自己醒悟过来，敢于抬起头来要求"卓越"。世间有不少原本可以成就大业的人，他们最终却是平平淡淡地老死，度过自己平庸的一生，他们之所以落得如此命运，就是因为他们对于自己期望太小、要求太低的缘故。

一个成功者，他走路的姿势、他的举止，无不显出充分自信的样子，从他的气势上，可以看出他是能够自己做主，有自信和决心完成任何事的人。而一个能自主、有自信和决心的人，绝对拥有成功的保障。相反，一个失败者的走路姿势和态度，可以证明他没有自信和决断力，从他的衣饰、气势上也可以看出他一无所长，而且他那怯懦自卑的性格也通过他的举动充分地显示了出来。

假使你在举手投足间都表现出你自认为自己卑微渺小，而处处显得你不信任自己、不尊重自己，那么，别人也自然不会信任你、尊重你，而你要想获得成功，就必须使自己变得不再依靠他人，而能独立自主。

一个人可以给予自己很高的评价，而自信处处能助他取得胜利。在他追求成功的过程中，拥有了自信，也就取得一半的胜利，操一半的胜券了。那一切自卑自抑阻止人

类进步的障碍，在这种自信坚强的人面前，就毫无可惧之处了。

我们应觉悟到"天生我材必有用"；觉悟到造物育我，必有伟大的目的或意志寄于我们的生命中，而如果我们不能将自己的生命充分表现于至善的境地、至高的程度，这对于世界将会是一大损失。怀揣这种自信，就一定可以使我们产生一种冲破自我封闭的伟大力量和勇气！

切勿自我封闭

有不少人很偏爱自己的小世界，甚至可以说是把自己关在与外部世界完全隔绝的独立的象牙塔中自我欣赏，这种人大部分不仅对自己没有信心，容易自卑，还会产生自我封闭的思想，用消极的态度去应付外部世界。他们把自己封闭在象牙塔中，觉得自己想做什么就可以做什么，完全可以不动脑筋就能维持目前的安乐。

但如果他们走出自己的象牙塔，加强和外部世界的联系，自然就可以发现原来这世界是如此多彩多姿、趣味无穷。

在一个钓鱼池旁边，有一群喜欢钓鱼的人正在垂钓。但似乎每个人的运气都很不好，没有一条鱼上钩，因此当其中一位 M 先生钓到一条破纪录的大鱼时，大家都为他喝彩。而这位 M 先生表情却非常奇怪，

他两手捧着鱼目测鱼的大小后，竟摇着头将鱼放回鱼池里。虽然周围的人都很惊讶，但毕竟这是人家的自由，大家也只好若无其事地继续垂钓。接着，M 先生又钓上一条大鱼，他看了一下又把它放回鱼池里，大家都觉得奇怪。等到第三次 M 先生钓到一条小鱼时，他才露出笑脸并将鱼放进自己的鱼篓里，准备回家。这时有一位老人问他："虽然来这儿钓鱼的人只是为了兴趣，但你的行为却令人不可思议。头两次钓上来的鱼你总是放回水里，而第三次你钓上来的鱼非常普通，在任何一个鱼池里都可以钓到，你却如获至宝般地将它放回鱼篓里，这是为什么呢？"

M 先生回答说："因为我家所有的盘子中，最大的盘子正好只能放这么大的鱼。"

看了上面的这个故事，不知道你会不会意识到：人常常在不知不觉中，以自己目前仅有的见识，来企求自己所希望得到的东西。

就像那位 M 先生，若是家里没有大盘子，他完全可以将这条鱼切割开来，或是购买更大的盘子。这些都是解决的办法，但是 M 先生的"潜意识"却只限定在某一个定点上，没有考虑到其他的办法。

所以说一个人如果存有自我封闭的心理，目光短浅，毫无努力进取的精神，恐怕很难取得成就。

要知道人生仅有一次，若只相信"小盘子"，将会变成一个狭窄的人生，而人生所谓的"盘子"，应该立足既有的信念，并慢慢将它扩大为大盘子，才能得到更宽广的人生。

自我省察才能有所建树

经常插花的人都知道，插花时若有一些不协调的多余枝叶，就要干脆利落地剪掉，这样才能保证整瓶花变得活泼动人。同样，要想成功，你必须时刻反观自身的不足，以使自己有所作为！

你有反省的习惯吗？如果没有，趁早培养吧，它能修正你做人处世的方法，给你指引明确的方向。

日本近代有两位一流的剑客，一位是宫本武藏，另一位是柳生又寿郎。宫本是柳生的师父。

当年，柳生拜师学艺时，问宫本说："师父，根据我的资质，要练多久才能成为一流的剑客呢？"

宫本答道："最少也要 10 年！"

柳生说："哇！10 年太久了，假如我加倍苦练，多久可以成为一流的剑客呢？"

宫本答道："那就要 20 年了。"

柳生一脸狐疑，又问："假如我晚上不睡觉，夜以继日地苦练，多久可以成为一流的剑客呢？"

宫本答道："你晚上不睡觉练剑，必死无疑，不可能成为一流的剑客。"

柳生颇不以为然地说："师父，这太矛盾了，为什么我越努力练剑，成为一流剑客的时间反而越长呢？"

宫本答道："要当一流的剑客的先决条件，就是必须永远保留一只眼睛注视自己，不断地反省。现在你两只眼睛都看着剑客的招牌，哪里还有眼睛注视自己呢？"

柳生听了，满头大汗，当场开悟，后来终成一代名剑客。

要当一流的剑客，不能光是苦练剑术，还必须永远保留一只眼睛注视自己，不断地反省；同样，想成功的人也必须永远保留一只眼睛注视自己，不断地反省。

以下几个方面值得你去自省：

⊙ 做事的方法：反省今天所做的事情，处理得是否得当，怎样做才会更好。

⊙ 生命的进程：自己至今做了些什么事，有无进步？是否在浪费时间？目标完成了多少？

⊙ 人际关系：你今天有没有做过什么对自己人际关系不利的事？你今天与人争论，是否也有自己不对的地方？你是否说过不得体的话？某人对你不友善是否还有别的原因？

如果你坚持从这 3 个方面反省自己，就一定可以纠正自己的行为，把握行动的方向，并保证自己不断进步。

至于反省的方法，则因人而异。

有人写日记，有人则静坐冥想，只在脑海里把过去的事放映出来检视一遍。不管你采用什么样的方式，只要真正有效就行，自省也不能流于一种形式，每日看似反省，但找不出自己的问题，甚至对错不分，那就很值得注意了。通过反省，知道自己的状况，然后计划从什么地方着手去做，这样所看到的、听到的，才会对自己有意义，不至于漫无目的。换句话说，对自己的状况有了充分了解之后，找出出发点，就可产生勇往直前的胆量。

你知道你现在在什么地方吗？现在该是你找出你在什么地方的时候了，现在也是你该自我省察自己的思想和习惯的时候了，因为正是这些思想和习惯把你带到你现在所在的地方。你现在所想的和所做的，将会决定你未来的命运。你要弄清你现在所行驶的航道，会不会把你带到你真正想要去的地方？

不论你现在怎么样或曾经怎么样，你仍然可以变成你想要的样子。因为当你继续你生命的航程时，你就像船长一样，你可以选择你前往的第一个港口，然后再继续前往你下一个目的地。你从一个港口到另一个港口，你曾经历平静的以及汹涌的海面，你必须自己操纵这条航线。很多人失去了品行，变成遭人遗弃的人，就像失去了舵，变成遭人遗弃的船，在这个世界上迷失掉。

在海上或在生命中航程的任何一点几乎都可能发生这种情形。因为品行是人本质的共同起源，它是使我们达到一个真正成功的未来的保证。

冲破阻碍的能力

成功者是特殊的人吗？当然！不过，他们之所以特殊是由于他们的努力，而不是生来就特殊。他们是创造者，是推动社会前进的人。他们了解，只有通过今天的不断努力才能打开通向明天成功的大门。

成功者可能并不是他周围一群人中最聪明的，但他们都是热忱而执着的人。要获得成功，并非必须具备很高的智商，天分不是关键，因为天生的才能并不是成功的唯一保障。

要当一个成功者，必须积极地努力、积极地奋斗。成功者从来不拖延，也不会等到"有朝一日"再去行动，而是今天就动手去干。他们忙忙碌碌尽自己所能干了一天之后，第二天又接着去干，不断地努力，直至成功。

要记住这句老话："今天能做的事情，不要拖到明天。"成功者一遇到问题就马上动手去解决。他们不花费时间去发愁，因为发愁不能解决问题，只会不断地增加忧虑，他们总是集中力量，干劲十足地去寻找解决问题的办法。

一个好的篮球运动员需要精通很

多技巧，具备所有的条件。假如一个球员只会运球而其余都不会，那么他永远也无法到球场上一显身手。同样，一个成功者也需要具备所有条件，否则，其成功的机会必将减少。所以，若想成功，你就应该像一名渴望夺冠的球员那样不断地努力，不断地完善自己，使自己具备一个成功者所必需的充足条件。

失败者总是考虑他的那些"假若如何如何"，并总是因故拖延；总是谈论自己"可能已经办成什么事情"的人，不是进取者，也不是成功者，而只是空谈家；真正的"实干家"是这样认为的："假如说我的成功是在一夜之间得来的，那么，这一夜乃是无比漫长的历程。"

你是否看过石缝中长出一棵小小的树苗？你是否想过："这样一个小东西怎么会穿破坚硬的石头长了出来，而且还在这么恶劣的条件下活着？"很多时候，成功者就像石缝中长出来的小树，在艰难困苦的奋斗过程中，他们学会了培养"冲破阻碍"的能力。他们是靠勤奋工作和不断努力，最终取得成功。

帮助别人就是帮助自己

前面我们说过完全自我封闭的人就像被一个非常小的包裹紧紧包住，必然非常不快乐。想一想：你是否遇到过以自我为中心还能真正

快乐的人呢？在我们前进的道路上，总会遇到障碍，而要想克服障碍，不仅要靠自己的努力，还需要别人的帮助。所以，为了让自己在困难时能有人助一臂之力，我们必须先尽力帮助别人，因为帮助别人就是帮助自己。

克里蒙特·斯通曾讲过这样一个故事：有一个人独自去爬山，突如其来的暴风雪使他迷失了方向。他知道一定要尽快找到躲避风雪的地方，否则只有被冻死。尽管他努力前进，但手脚却已渐渐麻木。仓促之间，他被横躺在地上的一个人绊倒了。这时候，登山者必须尽快决定一件事：是停下来帮助这个人，还是为了救自己的命继续赶路？

他很快就做了决定，他脱掉湿手套，跪在那个人身边，开始按摩对方的手脚。几分钟后，那个人有了反应。再过一会儿，他已经能站起来了。两个人就这么互相扶持着下了山。事后，有人告诉登山者，因为他帮助别人，所以也帮了自己。他替陌生人按摩手脚时，自己的手脚也不再麻木了。由于活动量增加，他的血液循环加快，手脚都变暖和了。当这个登山者把注意力从自己身上移开，去关注别人时，竟然解决了本身的问题。这个故事告诉我们：要到达成功的巅峰有一条捷径，就是忘掉自我，帮助别人就是帮自己。

努力帮助别人得到他们想要的

东西，你也一定能得到自己想要的东西。正如克里蒙特·斯通所说："我很早就发现，只要能帮助别人发财，自己也一定会发财。"

有些人不肯让利于人，而往往是独力支撑，事事难成；成大器者大都慷慨大度，胸怀宽广，"穷则独善其身，富则兼善于下"，是以量大福大。

在我们追寻成功的道路上，遇见别人陷于困境时伸出援助之手，对方也会救助我们于危难之时。帮人就是帮自己，我们必须为自己铺平前进的道路。

培养良好的人际关系

在本章"自我省察才能有所建树"一节中，我们曾提到过人际关系是自省的一个方面，这是因为人都生活在一个社会群体之中，在我们帮助别人与别人帮助我们的过程中，人际关系就成了我们互相交往的纽带。

人际关系的好坏对一个人事业成就影响很大，我们每个人都希望能拥有一种良好、广阔的人际关系。可是人际关系并不是一日之间就可以建立起来的，而需要你去长期经营。那种三两天就"一拍即合"的人际关系往往是利益上的关系，基础很脆弱，这种人际关系不仅不会给你带来帮助，有时甚至会带给你

毁灭性的打击！

我们需要培养的应该是一种经得起考验的人际关系，而不是速成的人际关系。而要有一种好的、经得起考验的人际关系，就要像播种一样，播种越早，收获越早，撒下的种子越多，你收获得也越多。

要长成一棵果树，必须先有种子，"播种"是"长出一棵果树"的必要条件。种子发芽后，你得小心勤快地灌溉、除草、施肥，它才会长成大树，开花结果。人际关系也需要你用热心、善心来经营，尤其不可"揠苗助长"，急于收获果实，这样只会破坏你的人际关系！

克里蒙特·斯通在提醒自己的员工要积极培养良好的人际关系时，曾指出要建立一个良好、广阔的人际关系，必须运用"舍得"的观念，有"舍"才有"得"！不"舍"就想"得"，这种人际关系是很难长久维持的。也就是说，要建立自己的人际关系，不能完全等着他人"送上门来"，而应主动出击，先去满足对方的自我。

为什么要先"舍"呢？

人基本上都是以"自我"为中心，任何事都想到"我"，因此有时便会想：某人为什么不先和"我"打招呼？某人为什么请别人吃饭而不请"我"？某人为什么不寄生日卡给"我"？某人为什么和"我"有距离……

你这样想，别人也会这样想，也就是说，每个人都把"得"放在心上，摆在眼前，如果双方都不愿意先"舍"，那么人际关系便不可能展开！

既然如此，你为何不主动出击，先去满足对方的要求，为双方关系的建立踏出第一步？

"主动出击"就是"舍"的第一步，也就是先"舍"掉你的武装，向对方展露出一种和平的姿态。

接下来你就要付出实际行动了。普通的日常寒暄和打招呼看来没什么，但如果能在普通谈话中加入对他人的一种关心，那么这一人际关系便会慢慢展开。

光是这样还不够，因为这只能让你建立一份普通的人际关系，你必须再加入其他成分和粘合剂，使人际关系牢固起来。

那具体该怎么做呢？其实很简单，你可以为对方做些什么。你可以观察、了解对方的需要，不等对方开口，你就先替他做，这样他不仅会感谢，还会感到惊喜。你还可以同别人分享你的资源，包括物质的、精神的以及人际的。

在必要的时候帮助别人，包括精神及物质上的帮助，让你所帮助的人了解，你是和他站在一起的。前面我们已经说过，帮助别人就是帮助自己，你对别人真诚的付出，一定会得到更丰厚的回报。

人际关系决定着你的际遇和成败。机会来自人际关系，喜乐和温馨来自人际关系，心智成长也需要人际关系的激励和互动。你生活在这个世界中，注定要跟性格不同、角色互异的人相处，所以，除非你自断生机，否则你必须重视这项能力的培养。

找到属于自己的幸运星

我们要想自己的明天更美好，就应该常常期待自己的明天是充满希望与光明的，期待自己在将来总会拥有健康、幸福，总能在社会上占有一席之地的。这种心理的养成，对于我们一生的帮助，要超过任何东西。大多数成功的人，都有着一种乐观、期待的习惯。不管目前的情形多么惨淡、黑暗，他们对于取得"最后的胜利"总有十足的把握。这种乐观的期待心理，会生出一种神秘的力量，使他们达到所期望的目的。

一天，克里蒙特·斯通送给他的儿子小克里蒙特一盒"幸运星"做生日礼物，并告诉他："每一颗幸运星都能帮你实现一个梦想。"

小克里蒙特非常高兴，他问："我可以许愿要任何东西吗？"斯通点头称是。但是，过了几小时之后，他问父亲："爸爸，为什么我的愿望还没有实现？"斯通心想："天啊，我该怎样回答他这个问题?"还没等他说什么，他太太回答了儿子的问题："只要你不停地许愿，愿望就会成真。但是你要有耐心，愿望不会马上实现，实现愿望得花点时间。"小克里蒙特听了又继续兴高采烈地去许愿了。

太太的短短几句话使斯通悟出了一个达成物质成就的秘诀：坚持你的愿望，你期待什么，你就会得到什么。很多人达不到愿望时就放弃追求，也不再满怀期待。而对我们的生命最有帮助的，莫过于在心中怀着一种乐观的期待态度——一种只关注与期待那些最好、最高、最有益的事物的态度。

对于自己的前程有着美好的期待，这足以促使我们奋起而努力。我们期待成家立业、安享尊荣，期待自己在社会上占有一席之位，甚至崭露头角。这种种期待，都能驱策我们努力奋斗。

一个人假使常常怀疑自己的能力不足以使他取得成功，那他就绝无成功的希望。只有期待成功的人，才能获取成功。一个成功的人的心理必须是积极的、向上的、乐观的。

你不能一面在期望着某一件事，而心中却在期待着相反的事情，这种相互矛盾的心态最易误事。

许多人就是因为精神态度不与实际的努力相匹配——正在进行此事时，却在期待另一件事——以致他们所做的大部分努力都是劳而无功的。他们所怀有的错误精神态度，会于无形之中把他们所追求的东西驱逐掉。

灵魂期待着什么，就能达成什么。幸运之星人人都有，我们只要不停地许愿，坚持愿望，这种强烈的渴求就会增强我们的信心，帮助我们达成心愿。

所以，我们要怀着一种乐观的期待态度。期待一切事物都将是吉而非凶，成功而非失败，幸福而非痛苦。

我们应该有坚强的自信，相信自己总能达成所有的理想。天下没有做不成的事！不要存有一丝怀疑的念头！我们应当将怀疑的想法逐出心境，只留下些足以帮助自己成功的思想。

我们应该常常心存美好的期待，期待着将来能前程似锦，能充满着光明与希望，期待着我们将来的志愿与梦想终能实现。这种期望是可以生出无穷的力量来的。所以我们应该找出属于自己的幸运星，许下最美好的心愿，并怀着"前途光明"的期待，相信只要自己能努力奋斗，那一切伟大光明的东西必然在静候着我们！

第四章　前进的动力

每个人体内都有一种伟大的自我激励力量，它会使我们的人生更加崇高。当我们养成一种不断自我激励、始终向着更高目标前进的习惯时，我们身上所有的不良品质就都会逐渐消失，因为自此以后，它们就再也没有滋生的环境和土壤了。在一个人的个性品质中，只有那些经常受到鼓励和培育的品质才会不断发展。

我们也许有过体验，那些已经制造好的指南针，在没有被磁化以前，无论放在哪里，其指针所指的方向总是各不相同。但一旦被磁化以后，它们就完全不同了。仿佛受到了一种神秘力量的支配。究其缘由，指针在没有被磁化以前，地球的磁场对它们没有任何影响，指针也不可能指向北极。然而一旦被磁化，指针立刻就会转向北极，并且一直指向那里。

许多人就像没有被磁化的指针一样，习惯于在原地不动甚至没有方向，他们在进取心这种神秘力量被激发之前，对任何刺激都毫无反应。然而，一旦他们受到一种伟大推动力的引导和驱使，就会发挥出潜能，迈向成功。但如果无视这种力量的存在，或者只是偶尔接受这种力量的引导，就不会取得任何成效。

这种内在推动力从不允许我们停息，它总是激励我们为了更加美好的明天而努力。也许我们迄今所到达的境地已足以令人羡慕，但是我们却发现，我们今日的位置和昨日的位置一样，无法让自己完全满足。一旦我们想原地踏步时，我们耳边就会响起那个声音，听到向更高目标努力的召唤。也就是说，总是有一种神秘的力量在推动我们追求更高的理想。

"努力向前"是宇宙中的所有生命都在努力达到的更高的境界。万物在进化过程中总是向前发展的。受前进的力量推动，一条毛毛虫可以变成一只蝴蝶，但蝴蝶不会退化成一只毛毛虫，因为这样不符合进化的法则。

就连在地里的种子也存在这样的力量。正是这种力量激发它破土而出，推动它向上生长，并向世界展示自己的美丽与芬芳。

这种激励的力量也存在于我们人体内，它推动我们完善自我，追求完美的人生。

人们通常能意识到，激励时常会扣响自己心灵的大门。但如果我们不注意它的声音，不给予它鼓励，它就会渐渐远离我们。正如一个人的功能和品质如果未加利用就会退化一样，人的雄心也会因未能得到发挥而退化，它甚至在尚未发挥任何作用时就消失得无影无踪。

只要我们心中具备哪怕只是一种最微弱的激励的种子，经过我们的耐心培育和扶植，它也会茁壮成长，直至开花结果。

所以，当这个来自内心、促你前进的声音在你耳边回响时你一定要注意聆听。它是你最好的朋友，是你前进的动力，将指引你走向光明和快乐，指引你走向成功。

驱使你前进的力量

在任何人类行为之中，行动激励是获得成功最重要的因素。因为具有行动激励的人可以克服一切困难，推动自己向前。

激励使人采取行动。激励为人的行动提供动机，而动机是存在于内心的"驱策力"，激发我们采取行动。当强烈的情感如爱、信仰、愤怒以及憎恨混合起来的时候，它们产生的冲力，就是一种强烈的驱策力，可以维持一生而不变。

下面就是一个有关激励的力量的故事。

在波兰被俄国奴役的时代里，一个孩子看到他父母被凶恶的哥萨克人活活打死。当时他从屋子里逃出去，但是一名骑兵追了上来，他背上挨了一鞭子，流着血晕倒在地。等他恢复知觉后，看到他家的屋子被烧毁了。就在那时，他立下一个誓言——要在俄国人的压迫下求得波兰的自由。

他一生梦魂所系的就是求得波兰的自由。他童年所看到景象以及其中的恐怖和悲哀，已经烙进他的内心而永远难忘。这一切激励他采取行动。

这个人——帕德列夫斯基，伟

大的钢琴家——在 1919 年，波兰新共和国成立时被提名为总理和外交部长，后来成为波兰国会主席。

帕德列夫斯基为波兰人的自由而付出努力。他的强烈的爱国心，使他具有了一种向前冲的力量，为自己祖国获得完全自由而努力。帕德列夫斯基具有的这种向前冲的力量，刺激他采取行动。

你也具有这种力量。你内心的驱策力量是可以掌握而加以利用的。它就像火箭一样，能把你发射到目的地。它是激励你的动力，别轻易放过它。

向前的动力是一种"内心的驱策"，驱策你去创造有价值的成就。如果你善于运用这种动力，你就能获得财富、健康和幸福。

这种强大的推动力量会产生内心的驱策，驱使我们采取行动——去做我们应该去做的事情，但是也常常驱使我们去做我们不应该去做的事情。

有时候，你有意培养出来的内心驱策和传统的内心驱策是相冲突的，但是你可以选择正当的思想、采取适当的行动，以及选择适当的环境来化解这些冲突。如此，一方面我们可以达成传统的强烈内心驱策的目的，同时也可以在不违反最高的道德标准之下，运用这些驱策以追求完整的、快乐的生活。

"向前进的力量"是内心的驱策，可以发挥出一个人潜意识无限的力量，激励其不断进取，获得最后的成功。

找到激励你行动的因素

当克里蒙特·斯通 20 岁的时候，他决定在芝加哥设立自己的保险代理公司。斯通的母亲写信给哈瑞·吉博特，当时她所代理的美国意外保险公司和新阿姆斯特丹意外保险公司的业务就是和吉博特打交道。吉博特是在美国推销特别意外保险的先驱。

很快吉博特先生回信，说他非常欢迎斯通在伊利诺伊州代理这两家公司，但他必须先得到芝加哥总公司的允许，因为这家总公司在伊利诺伊州已经建立了一个独家代理公司网。

于是，斯通和总代理公司负责人约了见面时间。斯通知道如果自己想要某样东西，就要去追寻。他激励自己一定要成功，因为，他的整个计划都有赖于这个负责人的准许。总代理公司的负责人很客气，他告诉斯通："我会给你同意书，但是 6 个月以后你就会关门大吉。在芝加哥推销保险很困难。如果你在整个伊利诺伊州委派代理公司，你所得到的只有麻烦，你将会以赔钱了事。"不过，这个负责人并没有阻挠斯通的计划。

因此，在 1922 年 11 月，斯通成立了他的"联合注册保险公司"。当时斯通的资金只有 100 美元，但是他没有债务，他的一般支出也很少，只要每个月花 25 美元向一个商业大厦租一个办公桌。而正是这个大厦的负责人查理给了斯通真正的激励，他的建议对斯通大有帮助。在斯通准备把自己的名字写在大厅的公司记录上的时候，查理问他："你的名字要怎么写？"

"斯通！"斯通回答说。在过去到那个时候为止，他一直是这样签名的。

"你有什么引以为耻的事情吗？"查理又问。

"什么意思？"

"你没有第一个名字和第二个名字吗？"

"当然有……克里蒙特·斯通。"

"你有没有想过全美国可能会有成千上万个斯通吗？但是可能就只有一个克里蒙特·斯通。"

查理的话激发了斯通的自信："全美国只有一个克里蒙特·斯通。"从那以后，斯通时刻不忘以自己是独一无二的来激励自己。

1923 年初，克里蒙特·斯通准备和相恋的女友在 6 月里结婚，因此他要在 6 月前赚更多的钱，他不能浪费一点时间。一天，他在罗吉士公园区北克拉克街推销。那里离他住的地方只有几条街。一天中他就推销了 54 个保险。因此斯通发觉在芝加哥推销保险并不很难，而他的公司在 6 个月以内绝对不会关门。

斯通受到激励，因此努力去开拓公司的业务，他要赚足够的钱和他爱的女孩结婚。多年以后，斯通回忆此事时曾感叹地说："你可以用任何理由来激励自己，也可以诉之于道理以激励别人，而你的情感、情绪、直觉以及根深蒂固的习惯所形成的'内心的驱策'，会赋予你'前进的力量'，使得你采取行动，去满足你的需要。"赶快行动起来，寻找可以激励你前进的动力因素吧！

激励自我的潜意识

在找到激励你行动的因素之后，你就可以用这些因素去激励自我的潜意识，从而获得成功。

克里蒙特·斯通和拿破仑·希尔曾在波多黎各圣璜市举办了一个历时三晚的"成功的科学"讲习班。在第二天晚上，这两位成功学大师请每一位听众在翌日运用所讲的原理原则，并且要报告所获得的结果。

到了第三天晚上，志愿提出报告的人之中有一名会计。下面就是他的故事：

在听完"成功的科学"讲座的第二天早上，这个会计刚到达公司，同时参加讲习班的总经理把他叫进他的办公室。"我们来看看积极的人生观是不是有效。"总经理对这个会计说，"你知道，一家公司该付给我们的3000美元已拖欠好几个月了。你去找这家公司的经理，把钱收回来好吗？你发挥自己的积极人生观去找他，让我们来试试斯通先生所说的自我激励的方式是否管用。"

这个会计听完总经理安排给他的工作任务后，他想到昨天晚上克理蒙特·斯通所提到的"一个人如何能使他的潜意识激励自己"的那番话，他记忆犹新。因此，在经理派他去收那笔钱的时候，他决定也去推销一番。

这个会计离开办公室后先回到家里。在家里安静的环境中，他决定了该怎么做。他希望自己不但要收回这笔钱，还要完成一笔交易。

在前往收回欠款的路上，他告诉自己一定会成功的，而他后来果然成功了。他不但收到3000美元，另外又推销了4000美元的东西。在他离开的时候，那家公司的经理说："你真是叫我想象不到。在你到我这里来的时候，我根本没有想到要再买你们的东西。我根本不知道你是一位推销员，我还以为你是会计主任呢！"而这是这个会计一生之中第一次推销东西。

这位会计在前一天晚上曾经问过克里蒙特·斯通："我如何能使我的潜意识激励我自己？"斯通告诉他，要定出目标、让心灵不满足、自我激励。听了斯通的话后，这个

会计认识到他必须选定一个近期目标，并且开始去追求。他听从了斯通的劝告，激励自我去完成看起来很难的工作，并获得了成功。

小孩玩游戏，需要糖果做奖励；训练小动物，也需要有食物做激励。同样，你想要前进，就先订个美好的目标来激励你的行动吧！想象你的目标，让这种思想留在你的意识里面，让这种想象随时显现在你面前，激励你实现自己的目标。

改变思想就能改变人生。把正确的思想、积极的人生观输进你的潜意识里去，不要去想那些消极的东西，以便自己能满怀信心去处理问题，有勇气和力量去面对问题。

点燃激励之火

甘于平庸、不思进取的人，纵有天大的才气，也使不出来。而要想获得力量，如雄鹰展翅翱翔，发出生命的光和热，你不仅要有积极的人生观激励自我的潜意识，还必须点燃激励之火，它将激励你不断向前。

点燃你的生命之火，这种火能把你内心的力量发挥出来。

事实上，你永远没有办法知道自己内心蕴藏着多么巨大的能量，只有在受到驱动和激励之后，你才能感觉到自己内心的某些潜力。

把你的才能呈现出来，搜寻你

内心真正的潜力，然后再把你的潜力发挥出来。不要退缩，要全力发挥出来。

最有力的激励是精神的激励，所以，你应多接触一些精神方面的东西。应随时提醒自己，接受能激励人的考验，应该经常使自己接触可以激励你的事物，以提升你的精神和心智，使你在情绪和智力上的反应都能更上一层楼。多读一些励志的书，如著名人物传记。多认识一些有成就的人，多和他们交谈，仔细听听他们的想法、观念，研究他们的方法和经验。

请提高警觉，随时去接受那些真正能够激励你的神话般的奇迹，使你充满活力、动力，使你不停地思考、不停地企求、不停地梦想。心智要随时保持敏锐，以便这些奇妙的想法在你内心深处显现出来。

多参加一些励志的集会，多认识些认真生活、乐于助人的朋友。尤其重要的是：尽量远离愤世嫉俗的人、爱发牢骚的人、消极的人。这样有利于你培养具有激励性的想法，具有向前冲刺的力量的想法。

在逆境中更要有激励之心，因为在困境中常常会得到平时难以得到的东西。有时激励是以重大打击的形式出现。而困境也会促使积极的人更用心地思考、更努力地工作。正如莎士比亚所说的"欢乐由逆境而生"，逆境是一种激励的力量，可

以使人的精神提升到更高的境界。

不应该放弃自己，不应该对自己的努力抱失败主义的态度。把自己完完全全地展现，没必要保留一部分能力，别害怕让自己进步，别害怕发挥出自己的禀赋。不论你要做什么事，永远不能只是打算而已，而要全力以赴。最好的想法不行动也永远只是空想。为了能获得成功，你必须点燃激励之火，这样才能让你生命的能量达到"沸点"！

让你生命的能量达到"沸点"

要想使水变成蒸气，必须把水烧到摄氏100度的温度。水只有在沸腾后，才能变成蒸气，产生推动力，才能开动火车。"温热"的水是不能推动任何东西的。

许多人都想用温热的水或将沸未沸的水，去推动他们生命的火车，而同时他们却还要诧异，为什么自己总是不能向前突进，出人头地。

正如克里蒙特·斯通所说："一个人对待生命的温热态度，对于他自己一生所产生的影响，与温热的水对于火车所产生的影响相等。"

就以克兰·赖班的故事为例吧。

克兰·赖班在棒球赛中担任投手，以能投出一种壶把状的下坠球而著名。他小时候，右手食指曾经折断，由于没有接好，后来虽然痊愈，却造成第一与第二指节的永久

弯曲。当时克兰已经深深迷上棒球，因此他很沮丧，对他来说，棒球生涯的美梦似乎就要结束了。

但是，他的教练却对他说："别这么死心眼儿，有时候，看起来很不幸的事，结果却是幸福的化身，这要看你怎么处理。俗语说：'每一种不幸都含有更大利益的种子。'你对生命的态度将决定你人生的方向，你要不断激励自己，你要相信自己同样可以成为一个最出色的棒球队员。"

克兰把教练的忠告牢记在心，继续打球。不久他就发现自己天生一双投球的手臂，而且那根弯曲的手指也能派上用场。指节弯曲使投出的球会自动旋转，这是别的投手做不到的。克兰因而信心大增，他年复一年地苦练这种旋转球，终于成为一个好投手。

他是怎么做到的呢？天赋与辛勤的苦练当然都是他成功的因素，但更重要的是他人生观的转变。克兰·赖班学会从不幸的环境中找寻好运。他使用他的"隐形护身符"，把积极人生观的那一面朝上，激励自己对生活始终抱有乐观进取的态度，终于把成功吸引过来了。

俄国的文艺评论家富利捷曾经说过："人生是学校，不幸是比幸福更好的教师。"然而，大凡人处于不幸或逆境中时，总会埋怨自己的命运不好，若换个角度来看，在逆境

中往往能学到在顺境中所没有的事物，你便不会再怨天尤人了。

前面我们已经说过在逆境中更要有激励之心。如果身处逆境，你要勇敢地站起来，化解不幸。你必须首先改变自己悲观失望的想法，你要激励自己以一种更加执着的方式去追寻你所要达到的目标，而如果光是等待却不设法改变现状，事情永远也不会有转机。

有许多人要是没有大难临头，往往不会发挥出真实的力量。除非遭遇失败的悲哀以及其他种种创痛，否则他的生命是不会焕发光彩，他们内在的潜力也是无法被唤起的。检验一个人是否能够成功，最好是在他处于不幸的状态中时。处于不幸中的他，会付出更大的努力吗？是决心更加努力进取，还是就此心灰意冷？而一个成功者，不管处于何种境遇，他的初衷和希望都不会有丝毫的改变，他会不断激励自己激流勇进，锐意进取。

所谓伟大而有价值的生命，它一定是一个怀着可以主宰、统治、调遣其他一切意志念头的中心意志。没有这种中心意志，人的"能力之水"是不会达到沸点的，生命的火车同样也不能向前跃进。

所以你若想获得成功，就应振奋精神开拓自己的命运，对眼前的不幸境遇要积极去挑战，而在你认真去寻求对策时，自然会感觉到自

己时时刻刻都在慎重地考虑以选择某些奋斗时机。而改写你的现状的强大动力正是这种自我激励它，让你生命的能量达到"沸点"，推动你勇往直前！

"情感热钮"的激励作用

你已经知道了如何点燃自己的激励之火，使自己的生命能量达到"沸点"，而如果你要激励别人，你就要摁动他的"情感热钮"！你要是摁对了钮，你就可以激励一个人去采取行动。

列昂那德·艾文士由克里蒙特·斯通的一名推销员晋升为推销经理，后来则成为密西西比州的地区经理。

虽然作为一名推销经理来说，列昂那德是成功的，但是他变得自足，业绩就变得平淡了。推销保险是好的行业，列昂那德的收入也不错，但是斯通却不满意他作为一名全国推销业务经理的表现。于是，斯通一再地摁下列昂那德的"情感热钮"，希望能引发出他内心的激励，使他离开自我封闭的象牙塔。但是每次他抓到了一点激励之火，不久就又熄灭了。

列昂那德还是自满自足，斯通也还是继续尝试着。列昂那德虽然有些改进，但是他并不能赶上公司在全美国的发展。后来有一天，斯通收到列昂那德的太太斯可蒂寄来的一封信，信中说："列昂那德心脏病发，极为严重。医生说他可能活不久了。列昂那德要我写信给你，向你提出辞职。"

如果列昂那德身体健康而提出辞呈，斯通会很高兴地接受。但是做生意并不只是赚钱，斯通更希望列昂那德能活下去。

斯通知道激励的秘诀不只是诉之于道理，还要诉之于情感。因此他谨慎地写了一封信给列昂那德。在信中斯通拒绝了列昂那德的辞职，并告诉他，他的未来还在他的前面。而且，斯通建议他多研究、多思考、多计划。此外斯通还提到他和精神励志大师拿破仑·希尔所编写的《成功的科学》教材的价值。这项教材一共有 17 课。斯通要求列昂那德回答每一课后面的问题，尤其要集中精神回答第一课的第一个问题："什么是你的主要目标？"斯通告诉列昂那德，只要出院回家后能够见他，他就立刻飞到德姆特去看望他。

经验告诉斯通，要一个人活下去的办法是让他在生活中有一件追求的事。斯通在信中还告诉列昂那德："我们需要你，而且非常迫切地需要你。快点康复起来吧，我有一些大计划等着要你去做。"

列昂那德真的活了下来，而且很快就康复了。因为他在生活中有了值得追求的东西，他认识到生活不只是做生意和赚钱。

在斯通到他家的时候，他已经不再躺在床上了。他开始研究、思考和计划。他确立了以下5个主要目标，并且因此受到激励。

1. 3年以后在12月31日退休；

2. 在退休之前每年的业绩要增加1倍；

3. 赚取具有100万美元价值的实体财富；

4. 要做一个己达而达人的人，以激励、训练和引导的方式来促使他所督导的推销员和推销经理赚得大量的财富；

5. 最重要的是把他研读克里蒙特·斯通和拿破仑·希尔的《成功的科学》教材时所获得的激励和智慧与别人一同分享。

后来，这5个目标列昂那德都达到了。

很多听过列昂那德演说"积极的人生观"的人改变了他们的生活，而走向更好的途径。推销员、推销经理、10多岁的青少年、各俱乐部的商人、教师等，他们都认为列昂那德协助了他们，把他们的世界变得更好了。

克里蒙特·斯通诉之于情感的激励诀窍使列昂那德获得了新生，他重新确立了前进的轨道，用积极的人生观去追求更美好的生活，与此同时，他积极进取的心智也激励了他周围的人，成为推动别人前进的动力。所以要激励个人，你必须要先找出他的"情感热钮"，你必须先知道他需要得到什么，以及你如何帮助他。

要撼动别人的"情感热钮"，你要先帮助他看清心中所想，而目前却没有的东西。在他的欲望燃烧起来的时候，你就已经撼动了他的"情感热钮"。而且，这种激励别人的方式同样也适合我们自己，也可以成为我们前进的动力，只要我们找到可以激励自己的"情感热钮"。

一则传奇故事的激励

要激励一个人最有趣和最容易的方法之一，是运用真实故事来激励他采取行动。克里蒙特·斯通以卖方的钱买下一家价值160万美元公司的传奇故事，也许会给你带来激励。

1930年，克里蒙特·斯通决定下一年的主要目标是拥有一家在好几州都能合法经营的保险公司。他为这个目标订了一个期限，即第二年的12月31日。

斯通明确了目标并订下完成期限后，他知道必须先找一家能够符合自己要求的公司——有可以办意外险和健康险的执照，有可以在全国营业的执照的公司。

钱当然是个问题，但斯通相信遇上时自然有办法解决。另外他还想到，既然自己是个推销员，必要时还可以做个三边交易：签约买一家公司，再把整个事业在大公司里投保，因此除了投保期间的保费以外，还拥有公司的一切。别的保险公司总喜欢花钱设置固定的门面，他只需要一辆巡回车就够了。斯通有自信靠着经验、能力以及一部车子就能创建意外和健康保险事业。

然而，在新的一年里 10 个月过去了，虽然斯通查过许多资料，却没有一家公司能够符合他的基本要求。但斯通始终坚信一定会有办法实现自己的目标，他不停地激励自己继续努力。就在 10 月里的一天，一件他意想不到的事情发生了。

当时斯通正忙着口述资料让秘书记录。电话铃声大作，斯通拿起话筒，听见有一个声音说："喂，斯通吗？我是'超群保险公司'的乔·纪伯森。

"我想你一定高兴知道，巴尔的摩的'商业贷款公司'为了清偿债务可能要清理'宾州意外保险公司'，当然你一定晓得'商业贷款'拥有'宾州意外保险公司'。下星期四董事会要在巴尔的摩开会。'宾州意外保险公司'的业务已经由'商业贷款公司'的另外两家保险公司重新投保。'商业贷款公司'的执行副经理的名字叫做华翰。"

乔·纪伯森带来的好消息使斯通十分感激，在挂断电话后，斯通灵机一动，他想：如果自己能想出一个办法，比"商业贷款公司"自

己的办法更快、更有效地达到它的目标，那么说服它的董事会来接受自己应该不难。

于是斯通迫不及待地立刻打了一通长途电话给巴尔的摩的华翰。

斯通先进行了自我介绍，再提起他听说的"宾州意外保险公司"将采取的行动，并且说自己有办法帮他们更快达到目标。华翰先生听后就约斯通第二天下午 2 点钟到巴尔的摩与他跟他的合伙人面谈。到了第二天下午 2 点钟时，斯通和他的法律顾问罗素·阿灵顿与华翰先生以及他的合伙人会面了。

"宾州意外保险公司"合乎斯通的理想，它有可以在 35 个州里营业的执照。由于它的业务已经由另外两家公司重新投保，因此不再有保险费。如果把它卖了，"商业贷款公司"更能迅速而确实地达到它的目标，此外他们还可收到斯通付的 2.5 万美元执照费。

现在这家公司有 160 万美元的流动资产，包括可以转让的股票和现金。"那么你怎么筹到 160 万美元呢？"华翰先生问道。

斯通早就准备好了这个问题的答案，因此他立刻回答："'商业贷款公司'的业务正是放款给别人，我就向你借 160 万美元好了。"

华翰先生和他的合伙人听了斯通的话都笑了起来，斯通又继续说："这样对你有利无弊，因为我所有的

一切都将用于担保贷款，包括我现在要买的160万美元的公司。再说你经营的是贷款业务，还有什么比抵押你卖给我的公司更安全呢？而且贷款给我，你还可以收利息呀！最重要的是，这样你便可以迅速而确实地把问题解决。"

华翰先生听后，点了点头，又问了一个重要的问题："你怎么偿还贷款呢？"斯通的回答是："我将在60天后偿还所有的贷款。你知道，我经营'宾州意外保险公司'在领有执照的35州内的意外与健康保险业务，用不了50万美元。公司既然完全属于我，我只需把'宾州意外保险公司'的资本和盈余由160万美元降到50万美元，因为我是唯一的股东，这样便可以拿到110万美元来偿还你的贷款。商人在任何买卖中只要有收入或支出，就要面对所得税的问题，这次买卖却不必付所得税，理由很简单，'宾州意外保险公司'没有赚钱，因此我减少资本额时所收的钱并非来自利润。"

"那么，你如何偿还剩下的50万美元呢？"华翰先生又问。"很简单！"斯通回答道，"'宾州意外保险公司'的资产只是些现金、政府公债和高级的股票，我可以抵押'宾州'的股息以及别的资产作为额外的保险来担保贷款，向经常往来的银行借到50万美元。"

斯通的答案令华翰先生和他的合伙人很满意。当5点钟斯通和他的律师离开"商业贷款公司"时，这笔交易已经谈成了。

斯通的这个成功故事听起来有点不切实际，但事实上，它正是斯通的亲身经历，斯通通过自身的努力争取，向我们证明了这样一个道理：这世上没有做不到的事，只要你不断激励自己，向你所追寻的目标前进，那么你一定会成功。

利用自我暗示拒绝诱惑

有为之士的成功故事可以给我们带来很大的鼓舞，但在我们的生活中，这样杰出的人物毕竟是少数，我们身边更多的是平凡普通的朋友，但我们同样可以从他们身上获得激励的力量。不过有些时候，也许你身边的朋友会引诱你去做一件不好的事情，或采取不好的或有害的行动，所以你要培养出说"不"的勇气。下面的一个故事可以加以说明。

有一天，克里蒙特·斯通从艾德怀机场坐计程车到纽约。司机十分健谈，而斯通一直耐心地听着，一句话也没有说。直到司机说道："这个地区是我生长的地方。某天晚上，我因拒绝跟一帮人去抢对街那家杂货店，而被他们称作小姐。我永远也不会忘记这件事。那天晚上我跑回家，我知道我不能和不良分子在一起。有些人在受到朋友引诱的时候没有胆量说'不'，这真是非常滑稽。"

"这并不怎么滑稽，"斯通反驳道，"这是悲剧。因为这就是大多数人变坏的原因。他们和不好的人在一起，而他们受到引诱的时候却没有胆量说'不'。你知道吗？每年有150万个10多岁的青少年，因偷车和其他的罪行被送进感化院。"

在第二章里我们已经提到过用自我暗示来提升自己，同样我们也可以用自我暗示来激励自己拒绝诱惑。

克里蒙特·斯通上高中一年级时，他结交了一些新朋友。一次，他的伙伴半开玩笑、半认真地提议晚上到废车场去拿些汽车轮轴盖子。斯通的母亲知道此事后，告诫他不能养成偷窃的坏习惯，否则，他的良知就会感到不安。斯通母亲教导他用"你不可以偷窃"或"要有说'不'的勇气"这些自我激励的话来自我暗示，那么"你不可以偷窃"以及"要有说'不'的勇气"这些字的象征思想，就会从他的潜意识闪入意识之中。

斯通的母亲建议他连续一个星期，每天早晨、晚上重复说"你不可以偷窃"以及"要有说'不'的勇气"。而斯通自动地对自己重复说这些话，并且把这些话印入到他的潜意识中，以备在需要的时候帮助自己，也就是说他运用了自我暗示激励自己拒绝诱惑。他的潜意识受到影响，当他面临紧急情况的时候，潜意识就会把这些自我激励的话充斥到意识思想之中，来自我暗示。斯通因此有了说"不"的勇气，甚至促使他的伙伴也去做正当的事情。

人的行动都是对自我暗示的反应。例如，小孩学习走路，是因他看到父母走路；他学习说话，是因他听到别人说话。在他学习读书后，他会从书本中得到观念和看法。

因此，从你自己的经验中，你应该观察到，每一次你到一个新的环境之中，或者在你去做一件你从来没有做过的事情时，你会有一种畏惧的感觉，使得你犹豫不前。当第一次受引诱去做一件不正当的事情时，你尤其会有这种感觉。如果因为非常畏惧而阻止了你去做不好的事，能保护你不至于遭到未知的危险。

除非一个人以前常常违反社会规范，而养成了做坏事的习惯，否则他在做一种较严重的坏事之前，一定会先停下来想一想。一个人不可能一下子就犯下滔天大罪，而运用积极的自我提示激励自己，是驱除邪恶的有力武器。

梦想成真

能使得自己的人生更加精彩，以及引发想象和美感的事物：像绘画、雕刻、建筑、诗词、音乐、舞蹈、演艺等都包括在文艺之中。对很多人来说，这些东西使他们觉得生活有价值。这些东西带来心灵的舒畅、满足和欢乐，刺激起创造性的思想，以及激励了各种年龄和各行各业的人。

因为热爱音乐，激励了一位没有钱上英透罗真国家音乐营的小女孩。当她最后到了英透罗真之后，她用她的时间和才能让成千的儿童梦想成真。下面就是她讲述的有关她自己的故事：

"在我还扎着马尾辫在密苏里州一个小镇学校乐队里吹着次中音萨克斯风的时候，我和美国其他成千上万的小音乐家一样，最大的梦想是到那时候我只知道叫做英透罗真——密歇根州北部林区最著名的地方——去度过一个夏天。"

"那时候对我们来说，英透罗真是一个神奇的名字，是一个夏令营，喜欢音乐的小孩可以到那里尽情地玩奏乐器。但是对我们大多数的人来说，那里似乎是遥不可及的，因为在那些经济不景气的年月里，我们都知道那只是一个永远不能实现的孩子的梦想而已。"

"由于我热爱音乐，由于一个地名叫英透罗真——这个地方我以前从来没有看到过，对那里的情形一无所知，但是这个地方却在我心中留下深深的遗憾——由于我不够好而不能到那里去，但我暗下决心，有一天一定要到那里去。尽管我的老师暗示我吹奏萨克斯风的前景并

不光明，我却更加勤练。我决心要做一名音乐家。我开始储蓄金钱，准备上大学学习音乐。"

"但是在我高中毕业之前，我的音乐教师告诉我，我写诗会比吹萨克斯风更有前途，她建议我去进修新闻学。而我也真的去学新闻了。"

就这样，诺玛·李·布朗宁读完了大学，和大学同学罗塞·奥格（一位著名的摄影家）结婚，两个人一起到纽约和其他地方，结成了一个写作和摄影小组。

"1941年夏天，"诺玛·李·布朗宁说，"罗塞和我为了给《读者文摘》写一篇文章而开车到密歇根州北部。突然我们前面竖着的一个牌子，惊醒了我的回忆。因为这块牌子上面写着：英透罗真——国家音乐营——请向左转。"

"在突然的情绪冲动下，我大声喊着：'我一定要去看看这个地方。我要看看这个地方是不是像我一直梦想的那样美丽。'"

那个地方正像她还是一个小女孩时梦想的那么美丽，后来，她把那里的一切都在书中美妙地描写出来。

这个故事的结局有意思的是，当年的小女孩因为家里太穷而不能到英透罗真，她的萨克斯风老师又没有给她较高的分数以赢得到英透罗真的奖学金，而她现在居然成为英透罗真教职员中的一分子。诺玛·李·布朗宁是第一批受邀成为

新的英透罗真文艺学院的教职员之一。然而，她不是教音乐，而是教那里具有天分的青少年写作。

有些人也有高超的目标，但是失败了，因为他们可能根本就没有开始行动，或是只走了一段路就放弃了，他们没有继续走完全程，而要达到目的地，不论它在什么地方，都必须要坚持到底。

没有什么可以阻止你，只要你用自己的目标不断激励自己，那么你一定会梦想成真。

激励是你事业成功的推动力

美国哈佛大学的心理学家威廉·詹姆士通过研究发现，一个没有受到激励的人，仅能发挥其自身能力的20%至30%，而当他受到激励时，其能力可以发挥至80%至90%。也就是说，同样一个人，在被充分激励后，所发挥的作用相当于激励前的3至4倍。

激励就是鼓舞人们做出抉择并进行行动，激励就是用希望或其他力量激起人们的行动，使之产生特殊的结果。

"'你背脊骨很硬——你很行！'这句话激励着我。"卡尔·艾乐说。他33岁，是艾乐户外运动广告公司的总裁。在一次的早餐会时克里蒙特·斯通访问了他。

因为斯通听说卡尔以500万美元的高价买下了"法斯脱—凯勒塞"户外运动广告公司在阿利桑那州的分公司，便在那天早晨访问卡尔和他的太太仙蒂。那次访问非常愉快，令斯通深受启发。

"我在吐桑高中一年级时，一切就开始了。"卡尔说，"我并不怎么会玩橄榄球。有一次练习时，我甚至没有球衣可穿。但是奇妙的是第一队的明星球员向我这里跑来时，我却能把他挡住。我猛力冲向他，把他撞倒在地。在下一次进攻中，他跑向另一边，我又在那边把他挡住。这使他非常生气。他尝试的次数越多，就越生气。而他越生气我就越容易挡住他。连着6次我都把他挡下来。"

"练习后，我坐在更衣室里换衣服。正低头穿袜子的时候，我感到有一只手放在我的肩上。我抬头一看，原来是教练。他问：'你以前担任过后卫吗？'"

"'没有，我以前从来没有担任过后卫'我回答说。"

"当时，教练说了一句我永远也不会忘记的话：'你背脊骨很硬，你很行！'说完了他就走开了。"

"'你很行？这是什么意思？'我问我自己。第二天我就得到了答案。我听到教练大声宣布：'卡尔·艾乐，第一队后卫。'我大为惊讶。"

"然后我记起来了那句话：'你背脊骨很硬，你很行！''你很行'表示他信任我，因此，他满腔热情地给了我一个这么重要的位置。我不能拆他的台，他的信任使我产生了自信。从那时起，当我开始怀疑我的能力时，当一切很困难的时候，当我该去做某一件事而又不知如何着手的时候，我就对自己说：'你背脊骨很硬，你很行！'这样，我便会恢复自信心。

"朗努·葛瑞礼是吐桑高中的教练，他知道如何促使一个人发挥最大的能力。我们在 33 场橄榄球比赛中保持全胜。阿利桑那州 15 项冠军赛中我们赢了 14 项。这是什么道理呢？因为葛瑞礼知道如何激励我们每一个人。"

"你读大学时是不是自己赚钱读书？"斯通问。

卡尔回答说："在读阿利桑那大学的时候，我不需要付宿舍费，因为毕凯第法官让我住在教师的私人房子里，负责为他整理草坪。我吃饭也不要花钱，因为我在卡巴·阿尔法·塞特姊妹快餐厅工作。就是在那里我遇到了我太太仙蒂。"

仙蒂接口说："卡尔在学校里所赚的钱，要比他毕业后第一个工作所赚的钱还多。在学校里他雇用了 25 位同学为他工作。他包下了校园中所卖的一切东西——热狗、糖果、冰淇淋——你能说出的，卡尔都经营过了。他出版并发售《飞济通报》——一学期卖出 600 份，每份 4 块钱。他发行运动节目单，并为运动节目做广告，引发了他毕业以后做广告这一行。"

卡尔为人友善，吐桑商界每一个人都喜欢和他交往，当他要求他们在运动节目上或大学的杂志报纸上登一篇广告的时候，他们都会同意。卡尔也是一位好推销员。年复一年，他都能保住他的客户。因为他的客户喜欢看到他，他也给他们看到的机会。

毕业之后，卡尔向芝加哥的一家大广告公司申请工作，他们给他的待遇是周薪 25 美元。

"我没有去那家公司，"卡尔说，"我在吐桑市的"法斯脱—凯勒塞"户外运动广告公司找了一份工作。"

卡尔推销广告的成绩非凡，升迁的速度也非凡。他很快就升为凤凰城分公司的业务经理，又升为旧金山总公司掌管全国推销业务的业务经理，在 29 岁时他已经升为芝加哥分公司的副总裁和经理。

卡尔的成功经历告诉我们：用积极的人生观激励自己，你心里所想的与相信的东西，一定能够得到，因为自我激励是你事业成功的推动力。

激励自己永不气馁

在这一章里，我们了解了激励人前进的因素有很多，而在众多激励人心的因素中，自救的欲望是最强烈的一种。

爱德·理肯贝克机长是全美国最杰出、最受尊敬的人之一。他的杰出在于他是"东方航空公司"的总裁，他受人尊敬则在于他的修养。艾迪机长是别人对他的昵称，他是信心、正直、乐观与知识的象征。凡是见过他、听过他演讲或看过他的书《怒海余生》的人，都会受到他的精神鼓励。

《怒海余生》讲述了一架载着艾迪机长和机员的飞机坠到太平洋里。当时，在飞机失事后的第一周，飞机残骸和机上人员一点踪影也没有，第二周也没有。但是当艾迪机长和众人在第 21 天获救时，这个消息立即震惊了全世界。

想想看，艾迪机长和机员在太平洋里的 3 艘小艇上，除了海天茫茫，什么也看不见，他们在飞机坠入海水时所受的惊吓和在烈日下所受的煎熬与饥渴，是常人难以忍受的。当时 3 艘小艇绑在一起，每日早晚，艇上的人个个垂头丧气，度日如年。但艾迪机长却对他们终将获救这一想法，一时一刻也没有失去过信心。尽管其他人没有这种心情，他们显然已经想到死后的种种，用自己的消极人生观来想象可能会遇到的各种可怕情景，但艾迪机长确实没有一丝一毫怀疑他们不会获救。

艾迪把自己的想法告诉机员，激励起他们支持下去的勇气。最终，他们全部获救。

如果我们想激励自己，我们就要把基本动机列出来。比如自救的欲望、爱的情绪、恐惧的情绪、身心自由的欲望、愤怒和痛恨、自我表现以及对物质财富的欲望等。"寻求就会找到"是放诸四海而皆准的道理，也适用于寻求自我行动的激励因素。

你具有经由思想而做到自我暗示的能力，而当你重复这些思想，并采取相应行动的时候，你就可以建立起一种习惯。你指导你的思想，你就可以建立和控制你所希望获得的习惯，进而以新习惯代替旧习惯。例如，如果你想做一件好事情，而且每当你有这个想法的时候，你就付诸行动，不久就可以养成这种好习惯了。这就是你如何有意识地培养内心的激励以使你采取行动的方式。这种向前的力量会帮助你。你可以运用这种动力，推动自己做出有价值的成就来。

继续阅读本书，你就会明白，你可以随意地运用这种动力，并借助成功必需的方法诀窍，这必将获得财富、健康和幸福，以及使得你的生活更加美好。

第五章　引领你走向成功的方法诀窍

> 只有找到使我们驶向人生成功目标的正确航道，我们人生的航程才会一帆风顺。
>
> ——培　根
>
> 成功者懂得，犯了错误而灰心气馁、停步不前是不可取的，应从经验中吸取教训，更努力地尝试。
>
> ——摘自《成功的资本》

希腊船王欧纳西斯是世界首富之一。据说在他的桌上放着一块牌子，除了提醒自己以外，亦要求员工朗读，牌子上写的是：

"找出方法来，不然就创造出一个新方法。"

我们常常活在过去的经验里，脑子里只有自己生活的狭小世界，在旧经验中我们绞尽脑汁，却遗忘我们拥有创造方法、创造未来的能力。

为了打破我们过去经验的总和以及决定我们目前行为的决策法则，我们必须试着去寻找突破思维惯性的方法。

我们习惯于为问题找答案，因为在一贯的训练里，一开始拿到考卷便兴奋地做答，我们的快乐与成就往往来自答题的速度及准确性，却常常忽略问题的本身是不是合理，也不管希望作答的方式如何，最后我们常常解错问题，我们必须冲破这种习惯性的"枷锁"，而有系统、有方法地转换我们习以为常的思维模式。要知道，成功的人就是比别人多掌握了许多的方法和诀窍，以应对各种问题，从而把握了自己人生正确的航向，使自己立于不败之地！

成功必需的方法诀窍

早在莱特兄弟之前有许多发明家差一点就把飞机研究出来。而莱特兄弟所用的原理和其他人完全相同，但是他们却加上了"另外一点"

东西。他们创造了一种新的结合，因此别人失败了，他们反而获得成功。这"另外一点"其实很简单，只不过是他们把特殊设计的活动翼缘加装在两个机翼的边缘上，好使飞行员能够控制及维持飞机平衡。这些活动翼缘就是今日辅助翼的前身。

在别人失败以后，小小的活动翼缘竟然就是飞机能够起飞的动力。所以说，"另外一点"并不在于量的多少，真正有用的是正确的方法。

在亚历山大·葛兰·贝尔之前，很多人都称自己是电话发明人。那些已经获得专利的人，有葛瑞、爱迪生、杜贝尔、范德维以及赖士等人，而赖士是唯一最接近成功的人。然而，造成成败之差的微小不同却只是一个螺丝钉。赖士如果知道把螺丝钉转四分之一转，就会把断续的电流变成连续的电流，他就成功了。

就像莱特兄弟一样，贝尔所加上的"另外一点"也很简单。他把断续的电流变成持续的电流，因为只有这种电流才可以复制人类的语言，而这两种电流其实是完全相同的直流电，所谓"断续"是指稍微的停顿中断。贝尔特别保持了线路的畅通，而不像赖士那样让电流时断时续。而赖士从没想到这一点，因此他就不能以电报的方式来传话；贝尔却想到了，也成功了。

你会发现上面的成功故事都有一个共同性，那就是在每一个故事里，那个秘方都是应用一个原先没有被用到的自然规律，就是这一点造成了成败之间的差异。因此，如果你正好站在成功的门槛上而无法前进，就请你加上"另外一点"东西。

这"另外一点"并不神秘，它不过是引领你走向成功的方法诀窍。它就像"画龙点睛"似的，使毫无生气的巨龙破壁腾空，化腐朽为神奇。

在人生的旅程上，你为自己设立了一个成功目标。然而，虽然你一直在努力，但是你发现你离你所希望达到的目标仍有很大的差距。这是因为你没有为自己争取成功的方式加上这"另外一点"。那么，要如何加上这"另外一点"呢？接下来我们就会告诉你答案。

如何获得方法诀窍

在谈及成功的方法诀窍时，克里蒙特·斯通说："我母亲的菜做得很好，但是她却没有办法告诉我，她究竟是怎样做的。她只会说'这样放一点，那样放一点。'但是她炖的汤、做的肉丸子，以及烤的饼就是好吃得不得了。这是因为母亲懂得诀窍。而有没有方法和诀窍常常是成功和失败的分野。"

方法诀窍并不是指知道如何去做一件事情——那是行动知识。方法诀窍是以正确的方式、技巧，以及最少的时间和努力去做好某件事情。在你具备方法诀窍之后，你就能成功地做好某一件事情，这是一种从经验中自然产生的良好习惯。

但是如何获得方法诀窍呢？只有从"做"中获得。这是克里蒙特·斯通培养推销保险所需诀窍的方式，如同"母亲"为什么菜做得好的道理，每一个人获得方法诀窍的途径，就是必须亲自去体验。

当你需要时，要知道在哪里找。

正如19世纪法国哲学家笛卡儿所说："我思故我在。"方法和诀窍也是要你个人努力思考、用心学习才能找到的。克里蒙特·斯通建议我们可以从以下几方面开始：

1. 虚心学习

要有诚心诚意的态度，抱持"处处留心皆学问"的精神。

2. 升高一层地观察和思考

站在更高一层的位置来看问题和想问题，把我们的位置提升，我们更能体会大我与小我之间的关系。

3. 变换角度

任何事物都有彼此相同或不相同之处。其实大自然已经给我们提示了许多解决方法，只看我们是否能运用自己的智慧找到正确的角度。

4. 改变环境

人受环境的影响很大，每个成功的人，都会主动选择最有益于向自己既定目标发展的环境，变不利为有利。

5. 脑力激荡

脑力激荡是通过群体的力量，尽可能想出一大堆的主意，然后再来进行探讨评估，找出解决问题的最佳方法。

6. 以退为进

暂时离开问题，好的策略需要时间来考虑，偶尔将自己抽离，不必急着一切要现在解决。让脑子休息一下，往往绝佳的创意会瞬时涌现。

"师父领进门，修行在个人"，要想有所作为，要获得成功，方法诀窍是必需的。因此，如果你要成功，就要努力去获得方法诀窍。

学习是成功的基础

要想掌握成功的方法诀窍，首先要从虚心学习开始。因为走在人生路上，你要面对许多考验，解决诸多问题，才能突破局限，闯出一片天地。所以要不断学习，在磨炼中成长，在历练中蓄势待发。

生活在现代社会里，进步快，变迁快，知识和技术容易过时而被淘汰。如果你不肯学习，就注定会落伍。

学习是成功的基础，人生只有在知识的海洋中遨游，才可最终达到成功的彼岸。人不能仅凭空想、幻觉生活一世，成功的秘诀就存在于不断地求学、求知之中。

求知能推进、成就人的事业，赋予人生以价值，这里有 2 个方面的涵义：一是求知能使人心灵得到净化，使人身心获得健康的发展。一个人热衷求知，好学以恒，以学为乐，那么，面对人生知识的矿藏，他的头上就有了一盏不灭的"矿灯"，永远有亮光照射前方，不管道路是多么艰难。同样，面对人生知识的海洋，他的身上凝聚着巨大的胆量，永远有勇气直奔彼岸，无论前途是如何的波澜起伏，哪怕是巨浪滔天；一是求知能使人获得走向成功的方法诀窍。知识将成为人们跨越障碍、征服险阻的桥梁。

即使，一个人在生命的进程中略有成就，已获得一定程度的人生价值的实现，但要有更大的发展，还在于治学本身，人一时的功成名就并不意味着学习的终止，而只是一种更新、更高学问探索的开始。"学海无涯苦作舟"才是真正成身于学的精神，"学如不及，犹恐失之"也正是人们应该具备的思想。

美国的教育专家吉妮特·佛斯认为，教学的首要步骤在于要有正确的学习情绪，当我们因为外力所迫而学习时，心是逃离的，内在的自我有着强烈的抗拒情绪，精神不能集中，这样的学习只是徒费心力

与时间！相反，若是我们了解学习对于自身的意义，我们就可以充分融入其中，感受知识瀚海的辽阔与自身的渺小。

学习的动力是谦虚。凡事虚怀若谷，肯向别人讨教的人，总能学到最扎实的本事。你不要小看肯说"不知道"的人，他们学得比谁都勤，比谁都快。

学习不一定要找现成的答案。最宝贵的学习是从你亲自体验中得来的。听来的知识如果没有亲身的历练，那些知识很少有实用价值。

坚持原则使人成功；执着而不懂得变通，却是失败的根源。要解决生活上林林总总的问题，必须具备一套有效的工具，这些工具就是由不断学习而掌握的方法诀窍，它对我们坚持完成工作和生活目标，具有决定性的影响。

所以，给自己布置一个理想的学习空间吧！学习是一种习惯，这种习惯将训练出谦卑、尊重与包容的特质，在我们追求成功的同时，给予我们驶向正确航道的方法诀窍。

常问自己为什么

一位英国青年到祖母的农场去度假。有一天他仰面躺在苹果树下想心事，忽然有一个苹果掉到地上。

"苹果为什么会掉到地上呢？"他问自己，"是地球吸引苹果，还是

苹果吸引地球呢？或是彼此互相吸引？其中究竟牵涉到什么原理呢？"

杜邦德公司的一个化学师做了一个试验，后来失败了。他在实验结束以后打开试管，发现里面什么也没有。他很奇怪，不禁问道："怎么搞的？"别人在这种情况下可能早就把试管扔了，他却没有。他反而把试管拿来称一称，结果大吃一惊。它比同型的试管要重，他不由得问自己："这是为什么？"

这两个故事的结尾众所周知，牛顿努力研究的结果使他发现了自己寻找的答案：地球与苹果互相吸引，质量相吸的原理适用于整个宇宙。

同样，罗以·柏蓝基博士由于追求问题的解答，结果他发现了一种通称"铁夫龙"的奇特的透明塑胶。后来，美国政府跟"杜邦德"签约，收购了它所有的产品。

牛顿发现万有引力定律是因为他肯观察，去追求事情的答案；柏蓝基能发明"铁夫龙"也在于他肯去寻求问题的答案。

遇到自己不懂的地方时，不妨问问自己"为什么"，更深入地去研究，你很可能会大有收获。

问自己问题，将不懂的事情随时问自己或请教别人，会获得丰厚的回报，正是这个方法造就了世界上无数的成功者。他们在解决问题的过程中找到了方法和诀窍，从而

获益匪浅。

在全世界 IBM 管理人员的办公桌上，都摆有一块金属牌，上面写着"Think"（思考），这是 IBM 公司的创始人华特森鼓励员工的"座右铭"，而对每一个问题都充分地思考，是 IBM 公司得以在当世傲立的重要原因。

人类脑细胞有 165 亿个，而我们一般人只用了 2000 万个，试想如果我们能更加充分地利用我们的脑细胞，那我们离成功是不是更进一步呢？

常问自己为什么，可以使你升高一层地观察和思考，使你找到更接近成功的方法诀窍。

不破不立

人们常常说，人脑的功能和一部电脑非常相似，而经过稍加调整后的头脑，就像一部活电脑，会运作良好，能更好地控制你的潜能。

电脑会运作并利用它所储存的资料，资料的正确与否对它来说并不要紧——而你的活电脑也是如此：根据储存的资料（记忆），它有系统地调节你在生活中做出的决定。不管是决定要试吃一只红辣椒、投资股票市场或者开始一段新生活，这个活电脑会帮助你决定这个想法是愚蠢的还是个可利用的好机会。

但如果你的资料库（头脑）储

存了错误或是不完整的资料，那么，当你的意志利用你头脑所储存的资料，来做决定或是解决关于你的未来问题时，由于意志所得到的是不完整或不正确的资料，必将产生不良后果。

因此我们必须不时更新自己的观念，学会从不同的角度，寻找解决问题的方法诀窍。下面的这个故事或许对你转换自己的思维方式有一定的帮助。

有一次宴会上，一位客人对哥伦布说："你发现了新大陆有什么了不起，新大陆只不过是客观的存在物，刚巧被你撞上了。"

哥伦布没有同他争论，而是拿出一只鸡蛋让他立在光滑的桌面上。

这位客人试来试去，无论如何也不能把鸡蛋立起来，终于无能为力地住手了。

这时，只见哥伦布拿起鸡蛋猛力往桌面一磕，下面的蛋壳破了，但鸡蛋稳稳地立在桌面上。之后，哥伦布说了一句颇富哲理的话："不破不立也是一种客观存在，但就是有人发现不了。"

我们当中的许多人也成天在抱怨、嘲笑别人这也不行，那也不对。而当自己去干时，结果却什么也干不了。因为传统的思维已成为一种定势，让他们在自缚的茧中无力自拔。当一种新生事物来临时，他们除了嘲笑、怀疑之外便是无动于衷，

也无能为力。

事实上，我们每一个人都受传统看问题、思考问题的方式影响，这很容易让我们对人、事物抱持主观态度，并且坚持己见、不愿妥协。其实真正的问题，可能只是角度不同而已！就像哥伦布所说，不破不立，正是一种客观存在，重要的是看你能否找到发现这个客观存在的方法诀窍。

环境因素的影响

你是注意到充满青春活力与绚丽色彩的极乐岛呢？还是埋头为路旁的杂草伤神呢？你在雨后呼吸到清新的空气时，是现出微笑呢？还是两眼盯着道路上的泥泞呢？当你走过一面镜子，无意中看到自己的影像时，你看到的自己是一副喜色，还是一副愁容呢？你对现实环境抱什么样的观念，环境就会给你的思想方法和行为举止涂上什么色彩，所以你应该为自己培养无论在什么样的环境下，仍积极进取的心态。

无论身处什么样的环境中，保持乐观进取的态度，是取得成功的关键。同样一种环境，常常既可以说是"好事"，也可以说是"坏事"，既可以说是"幸事"，也可以说是"倒霉事"。到底如何看待，要取决于个人的态度。

在克里蒙特·斯通初中快毕业

的时候，他母亲因为事业的发展而必须搬到底特律去住。为了让斯通能有一个好的学习和生活环境，他母亲决定让他寄住在一个家风正派的英国裔家庭。这位母亲的决定十分正确，因为正是这个良好的生活环境使斯通的身心得以健康发展，没有走上歧途。

这段时间的生活给了斯通一个重大的教训。这个教训后来变成斯通所倡导的成功学的一项原则：人受环境影响。因此，我们要主动选择最有益于向既定目标发展的环境。

斯通在证明这一原则的重要性时，常会提起他认识的一个年轻人。这个年轻人初中时几乎每一年都要留级。他勉强读完了高中，但是在进入州立大学的第一个学期，他终于被学校开除了。

他是失败了，但是这很好，因为他因此而觉得不满足。他知道他有能力成功。检讨过去，他认识到他必须改变人生观，并且要用加倍的努力来弥补过去浪费的时间。

树立了这种新的人生观之后，他进入了一家专科学校。由于他确实努力用功，最后他以全班第二名的成绩毕业。

然而，他并没有到此就停止了进取，而是申请进入一所全美国第一流的大学，这所大学的学术水准极高，极难获准入学。该校校长在回复他申请的信中问到："究竟是怎么回事？你以前好多的成绩都不好，后来又怎么会在专科学校里有那么好的成绩呢？"

这个年轻人回答说："起初，要我定时经常读书是件辛苦事，但经过几个星期努力之后，读书也就变成习惯。对我来说，在一定的时间去读书已变成自然的事了。有时我期望早一点上课，因为在学校里成为一个'人物'，受到别人的赞誉，对我来说，是一件非常令人快乐的事情。"

"我的目标是成为班上第一名。可能因为我在大学一年级被'当'使我大吃一惊，因此而醒悟过来。这是我长大的开始，我就是要证明我有这种能力。"

由于他正确的人生观，以及在专科学校的成绩，这位青年获准进入了那所大学，而在那所大学里，他也创造了令人羡慕的成绩。

这个例子中的年轻人起初在学校里的成绩很不好，受到激励后去寻求所需要的知识，而且专心读书律己。

他选择去读那所专科学校，是因为那里的环境能培养良好的读书习惯。他凭着一再的努力而获得了读书的方法诀窍，最终获得成功。

"近朱者赤，近墨者黑"。接近成功的环境，会让我们学到更接近成功的方法，因此当我们选择生活环境时，一定要选择有竞争力的地方，这样不仅让自己的才华可以完整地展现出来，还会使我们找到更加接近成功的方法诀窍。

选择便于发展的环境

环境因素对人有很大影响的这一项原则一直是克里蒙特·斯通生活哲学的一部分。斯通认为，由于人是环境的产物，所以，我们应该选择环境以便尽量发展自己。而这项原则正是斯通努力去实行的。

斯通的儿子小克里蒙特是在1929年6月12日出生的。在他2岁半前，他似乎总是受到感冒、花粉热和气喘病的骚扰。他曾在整个冬天不断地病着，而医生似乎不能够帮助他什么。

由于斯通还在念西北大学的时候，曾在一本书中看到美国有些州是不在过敏花粉散布区之中的，如华盛顿州、科罗拉多州和密歇根州北部。所以他买了在密歇根州艾希朋敏市的北林俱乐部会员证。这个俱乐部占地4.3万亩——私有的湖泊和度假设施。斯通打算等小克里蒙特大得可以享受那里的设施时再去那里。

小克里蒙特在夏天似乎一直很健康，只有在9月份过敏花粉散布得很浓时，他才会因过敏而生病。1931年10月，斯通接到一封家书，说小克里蒙特又病了。斯通当时正在伊利诺伊州的潘第雅克推销保险，听到消息后他决定马上行动——为小克里蒙特选择一个可以使他立刻恢复健康的环境。

斯通对自己说："如果夏天小克里蒙特的健康状况良好，为什么不带他到天气温暖的地方？在过敏花粉散布很浓密的时候，为什么不带他到散布区之外呢？为什么不跟着太阳走呢？我们可以等他健康之后再回家。"

因此从1931年11月开始，斯通太太、小克里蒙特和斯通就开着车从一州到另一州。他们跟着太阳走了一年半的时光——冬天到南方，夏天到北方。小克里蒙特长胖了，越来越强壮。

他们住在最好的旅馆里。由于斯通需要钱，所以他向这些旅馆的经理人员卖保险，他们的旅馆费也给他打最低的折扣。

当时，斯通要在各州获得执照好让自己能在各州推销。他的想法是把以后更新的保险工作交给他已有的或即将雇用的推销员去做，现在还留在公司的推销员都是他亲手训练出来的。但那时，新英格兰地区的工厂停工了，宾州、阿利桑那州以及其他地方的矿场也停工了。弗吉尼亚州以及南方其他各州的棉花和花生由于价格太低，只好留在田里做肥料——价钱低得连运费都不够支付。得克萨斯州的石油是60

美元一桶。不过，斯通训练的推销员却能一天很快地赚到 20 到 50 美元。因为贫穷的压力给了他们精神的激励，经验使得他们获得方法诀窍，而斯通教给了他们必需的专业知识。在斯通一年半的旅行期间，推销员已经减至 135 位。他们都受过斯通的亲自训练，但这 135 位推销员在不景气的几年中，业绩比经济景气时为他工作的 1000 多位没有受过训练的推销员的总业绩还好。

因此，为了增进儿子的健康而选择居住环境的同时，斯通也把好几项不利的情形转变为有利。他建立了继续扩大事业的坚固基础，同时意识到受环境因素的影响时，应该选择更有利于自己发展的环境。

如果你周围的环境没有太多刺激性，虽然你起初便感到不太满足，但一旦习惯了，便逐渐安于现状，这样你的才能怎么会得到尽情发挥呢？你必须选择利于你发展的环境。

借用别人的方法诀窍

一个人寻求方法诀窍的智慧虽然是无限的，但能够开发的部分还是有限的，一个人的价值判断、社会历练、人生经验由于受到环境的影响也会呈现不足之处。此外，一个人的专长只可能有一两种，当面对复杂的社会环境时，这些基本条件就不够用了，因此，只好"借用"别人的方法诀窍。

借用别人的方法诀窍，可以弥补自己的不足。很多成功的人都善于借用别人的方法诀窍，像有些公司就专门聘用高级顾问，做重大决策之前必先开会讨论，遇到特殊事件，必找专家研究，这就是在借用别人的方法诀窍。因此也可以说，他们因为善于借用别人的方法诀窍而得到成功或提早成功！

你应该趁早培养一种借用别人方法诀窍的习惯，你可以与若干不同行业的朋友保持联系，把他们组成一个别有特色的"智囊团"。

借用别人的方法诀窍来做事，不仅可以使你把事情做得又快又好，还可以使你避免主观、武断！

尽管你认为自己才高八斗，虽有别人不及之处，但也有不及他人之处。那就借用别人的方法诀窍吧，这样做的人才是最聪明的人！

那么应该怎样借用别人的方法诀窍呢？看看下面几点建议吧！

聘用自己的顾问，组成"智囊团"。如果你在某一行业和领域不是内行，却可以找到这方面的专家，请他们为你服务。这种"借用"的代价虽然高一点，但值得！比起为你创造的价值，这一代价就不算高了。

借用朋友的方法诀窍。找朋友帮忙，可以说是最简单的方法了。你做不到的事，他们帮你解决了，这不也是借用其方法诀窍吗？

多多观察别人的成功模式，然后予以借鉴。走别人已经走过的路，利用他人的成功模式和经验，就可避免一些失败。

把别人的方法诀窍转化成自己的方法诀窍，在借用别人的方法诀窍的过程中，顺着别人方法诀窍的启发就可以得到成长，这正是一种快速掌握方法诀窍的绝佳方法！

平庸的人借用了别人的方法诀窍，可使事情做得更周全，换句话说，一个只有60分能力的人，如果借用了别人的方法诀窍，就可能做出80分的成绩。

"智者千虑，必有一失；愚者千虑，必有一得"。个人寻求方法诀窍的能力是有限的，但如果将他人的"借"过来，岂不多了几分成功的机会！

向那些在你所追寻成功的道路上已经富有经验的人请教，能够把问题解决得更好些，可以减少一些困难和失误。所以，要想做一个成功者，你必须善于借用别人的方法诀窍。

让你的"艾索车种"驶向成功之路

福特汽车公司所生产的艾索车种曾经被消费大众视为重大的失败。福特公司损失了数以亿计的钱，还成为许多人的笑柄，最后他们不得

不把这种车全数销毁。

但是这个故事并未就此结束，被人打倒并不代表失败，只有自己放弃才是真正的失败。福特公司没有自暴自弃，公司上下努力研发，推出了更新的车种"野马"。直至今日，它仍然是该公司销售量最大、获利最多的车种。工程师们又依据研发"野马"的心得，研发出"金牛座"车系，并且在美国汽车销售量中连续数年独占鳌头。

这个故事告诉我们，人难免会犯错，犯了错也并非十恶不赦的事，但是我们一定要从失败中吸取教训，找到使自己成功的正确方法，这才是做大事的开始。一个没有受过挫折的人，绝对无法发挥所有潜力。

有许多人曾经遭受无数次的失败，但是失败并没有使他们低头。他们一点也不灰心气馁，他们屡败屡试，直到成功为止。他们为什么会成功？答案是："失败"！不错，他们从成百上千次的失败中吸取宝贵的教训，知道避免失败的方法，换一句话说，失败是促使他们成功的主要因素。

许多经不起失败考验的人，只要遇上一点困难，就提不起继续尝试的勇气，这种人永远无法从失败中得到好处，更无从了解没有失败是绝对成不了大事的道理。这类人在遇到挫折后，便急忙为自己的失败辩护，为推卸责任找借口，从此

销声匿迹，和成功断绝了关系。

事实上，失败是培养成功的营养素。因此，失败并不可怕，它是希望成功的人的必经之路，所以要达到成功的目的，你必须能接受失败的考验并且善于吸取失败教训。这是任何一个成功的人都会点头承认的事实。

从失败、挫折中学习经验，找出正确的方法研制新产品，是福特公司成功的原因之一，我们也应该吸取这个故事所带来的启示，正视人生前进道路上所遭遇的失败，牢记"失败是成功之母"，在找到正确的方法诀窍之后，你也能让你的"艾索车种"驶向成功之路！

找出前进的正确路线

很多人经营一种行业或做一种工作极为成功，但去经营新的行业或做另外一种工作却失败了。这是为什么呢？克里蒙特·斯通认为，这是因为他们凭经验得到技巧，在一行中爬升到顶端，但是进入了另一种行业后，他们却不愿意去寻求新行业所需要的新知识和经验。同样也是这种原因导致一个人会在某一项行动成功，而在另一项行动中失败。

理查·皮可林是斯通的朋友，他是一个了不起的人，是真正的君子——一位品行良好的人。他是人寿保险的法律顾问，事业极为成功，因为他所提出来的建议都是依自拟问题的答案提出的。他的问题是："什么样的建议对我的顾客最有利？"几年之后，由于他还保留他在公司里面的续约佣金，他赚了不少钱。

在皮可林先生 60 多岁时，他决定从芝加哥搬到佛罗里达州。那时候饭店生意很好，虽然他不知道怎样经营饭店，但是他也想要经营一家。而他在这方面仅有的经验只是做一名顾客而已。

皮可林先生的兴趣很高，开一家不满意，居然同时开了 5 家。他卖掉了他的续约佣金权，把一切都投资在饭店上。然而不出 5 个月，他的饭店关门大吉，宣布破产。

皮可林先生的故事，和那些成功者大手笔地经营一项新行业，而又不愿意获得必需的方法诀窍的情形，可说没什么不同。如果他只是买下饭店，掌管财务，或是为另一位经营饭店的专家工作，他会很快获得知识和经验，就不会失败了。

皮可林先生是一位有智慧的人，他是人寿保险行业的佼佼者，但这并不代表他同样可以是酒店行业的佼佼者。因为没有一行的方法诀窍是相同的，各行有各行的门道。如果皮可林先生能够在进军酒店行业时，像他在保险行业一样去努力寻找能指引自己成功的方法诀窍，那么他一定不会失败。

通往罗马的路不只一条，但每一条路都会有不同的走法，你必须找出你正在行走的这条道路的正确路线，这样你才能成功地到达罗马。

来之不易的方法诀窍

有很多时候，我们所寻找的方法诀窍是来之不易的。也许我们历尽千辛万苦，极力找寻，却发现成功好像仍然遥遥无期。我们是就此止步，还是用积极的人生观激励自己再度进取？

如果你不相信自己能够做成一件从未有人做过的事，那么你就永远不会做成它。一旦你能觉悟到外力之不足，而把一切都依赖于自己内在的能力时，那就好了，而且要越早越好。不要怀疑你自己的见解，要相信你自己，施展你的个性。

能够带着你向自己的目标迈进的力量，就蕴蓄在你的体内；蕴蓄在你的才能、你的胆量、你的坚韧力、你的决心、你的创造精神及你的品性中！

前面我们提到的利用自我激励而获得成功的卡尔·艾乐后来由于公司的所有权变动，加入在芝加哥的另一家广告机构。

在参加一次全国会议的时候，卡尔听说法斯脱——凯勒塞公司的阿利桑那州分公司要出售。"那真是一次机会，"卡尔后来对他的朋友们说，"但是我不知道怎样进行这件事情。所需要的金钱数目也很惊人。不过，'你背脊骨很硬——你很行'这句话又闪进我的脑中。"

他继续说："仙蒂和我很喜欢阿利桑那州。我也懂得这一行，我有一股不可抗拒的冲动要去抓住这次机会。我知道我要的是什么，而且我知道我会成功。更重要的是，我很想自己做一些大事。我既然能够为别人做得很好，我当然也可以为自己做得很好。但是我不知究竟该怎样买下这家分公司。其实，除了我没有钱之外，我具有一切条件：知识、方法诀窍、经验、好的名声、了不起的朋友以及在吐桑地区的业务关系。"

那么卡尔如何解决钱的问题呢？

"我有一个朋友在芝加哥哈理士信托储蓄银行贷款部工作，"卡尔回答说，"他为我介绍了该部门的负责人。哈理士信托储蓄银行和在凤凰城的河谷国家银行协商，共同提供给我6年期的贷款。另外我有9位朋友也参加了股份。协议规定我可在5年之内任何时间以他们所付出的同样金额买回他们的股份。由于户外运动广告这一行的股份有很多税金和其他的好处，因此，买回这些股份对我和对他们来说都是很有利的。"

卡尔·艾乐的故事告诉我们，要想获得成功，事先不一定要知道前进道路上所遇的问题的答案——如果你的方向不错的话。因为在进行中，你会遇到许多问题并一一解决它们，重要的是你要相信自己能够把握前进的正确方向。

能够成就伟业的，永远是那些相信自己见解的人；那些敢于想人所不敢想、为人所不敢为的人；那些不怕孤立的人；那些勇敢而有创造力、往前人所未曾往的人。

如果我们想获得成功，我们必须找出适合自身的方法诀窍。或者是在不断练习中掌握技巧，或者是在经验中摸索捷径……不管我们采用哪种方式，我们必须知道引领我们驶向正确航道的方法诀窍是来之不易的，是需要我们不断付出努力才能找到的。

第五章　引领你走向成功的方法诀窍

YONGBUSHIBAI DE CHENGGONG DINGLV

第六章　行动是成功的动力

为什么有人永远停留在起跑点，而别人早已夺标了呢？因为成功者在踏出第一步时，就已经下定决心不成不归。

——屠格涅夫

一个有远大目标的人，一定会不辞任何劳苦，聚精会神地向前迈进。他们从来不会想到'得过且过'这些话。

——罗　兰

思考不会使希望变为现实，期待也不会使理想变为现实，幻想更难使目标变为现实，只有你用行动去追寻希望和理想，只有当你挖掘出自身的潜力时，目标才会变成现实。

我们不妨想象一下，一块空地上停着一辆漂亮的小汽车，它在阳光的照耀下闪闪发光，非常引人注目。可是，如果你不去转动钥匙，开动汽车，它是什么地方也到不了的。它可能是性能最好、速度最快的小汽车，可要是不启动它，我们是永远不会知道它的优点的。

克里蒙特·斯通曾说过这样一条规律：行动先于结果，而且，有几分耕耘，就有几分收获。斯通认为，大多数人从未达到自己理想的目标，原因就在于他们没有采取会带来结果的行动。大多数人都曾有过幻想，但是绝少有人去行动而实现这些幻想。

你想不想增强自己的体魄？你想不想改善与别人的关系？你想不想改掉坏习惯？你想不想取得更好的成绩？你想不想解决你面临的困难？如果想，那就请你立刻行动吧！你任何的希望、理想和目标只有通过行动才能实现。

坐而言不如起而行

如果你以正确的方式工作，并运用正确的知识、有效的方法诀窍以及行动的激励——你只要花较少的时间就可以成功，然后你就可根据过去的经验推出成功的公式。

那么成功的公式究竟是什么呢？让我们先来看看克里蒙特·斯通是如何在众多失败者中脱颖而出的。

自从1900年保险业的哈瑞·吉博特从英国带回"联票合约意外保险"之后，很多美国保险公司也开始推销这种保险。美国人称这种保险为"即发意外保险"，因为这是由推销员在推销成交时立即填写保险单。这种保险主要是依赖"临时兜售"的方式来推销的。（临时兜售是指没有事先约定就去拜访一个不认识的人，并且向他推销东西）

接连几年，许多这类公司的代理商都推销得极为成功。不过，慢慢地推销这种保险的代理商和公司都停止推销或关门大吉了——只有一家例外。为什么呢？因为推销这种保险不再赚钱。事实上是他们没有得出一个成功的公式，或者即使他们曾弄出一个成功的公式，但是后来也遗失了。

那么哪一家例外呢？正是斯通所经营的这一家。斯通为什么会成功呢？因为他发展出一套永不失败的成功定律，他找到了成功的公式，因此他在一个星期里所推销出去的保险，比别人推销好几个月的还多。斯通相信坐而言不如起而行，因此他争取了许多宝贵的时间。

这就是为什么长期下来斯通成功而其他人却失败的原因。斯通把一切努力都集中在一种保险上，注意力也集中在这种保险的推销上，他想到什么，就会立刻动手做，绝不会空发议论，因此他节省了时间。斯通在一个小时里做好几个小时的工作，正如他努力要使一块钱当做好几块钱用一样。

你可能会用错误的方式工作，或做错误的事情，却偶然地，由于当时的状况误打误撞而获得短暂的成功。甚至歪打正着地照了正确的方式去做而获得了一时的成功，但因为你没有把如何获得一时成功的原因归纳成一个公式，而终究失败。事实上，成功的公式很简单，那就是"坐而言不如起而行"。在任何时候，都不要在无用的事物上浪费时间，因为时间和精力是成功公式的重要因素。

成功公式的重要因素

集中精力去学习一件小事而成为一名专家，比你分散精力，去学习一件大事要节省时间，而且容易成功。因此，请集中你的注意力并珍惜时间，去获得必需的方法诀窍和激励，以达到你想达到的特定目标。

如果你这样做，你一定会成功。但是如果你不注意这一原则，你可能永远也不会获得成功的事业，也无法达到你想达到的目标或享受持久的成功。从事任何活动，都要耗用精力和时间。

而你要想获得方法诀窍和行动的激励，就要像克里蒙特·斯通一样明确精力和时间是成功公式的重要因素。当你去做某件事情的时候，你要把心放在上面。

在克里蒙特·斯通开始推销保险之后不久，他已经养成了"集中注意和努力，然后放松自己"的习惯。通常，在晚上斯通会好好睡一觉，然后第二天尽他所能地挨门挨户去商店、办公室、银行和其他大机构逐个地推销保险。

由于斯通集中精力去推销一种保险，对于这种保险的一切他都弄清楚了，根据经验，他也知道了该说些什么，如何去说以及该做什么和如何去做，因此他推销的数量极大。斯通不但获得了行动的方法诀窍，还学会了如何随意发展出行动的激励。

克里蒙特·斯通一直在努力找寻控制感情和情绪的技巧。虽然他也曾经怀疑自己是否能够克服去拜访大银行或百货公司老板或总裁的那种畏惧，但是他发现调整心智精神、应用自我激励的话，以及集中精力和珍惜时间这项简单的原则，对自己很有帮助。终于有一天，斯通去拜访纽约、芝加哥和其他地方大机构的首脑时心里不再感到畏惧，因为他已经有勇气去面对那些未知

的人和事了。

期通发现他用研究出来的行动公式去做同一件事，经常会产生良好的效果，而时间和精力是每一个行动公式的重要因素。

为了能使自己成功的行动公式得以实现，斯通给自己每天第一次去推销保险规定一个特定的时间——早晨9点钟。但在他出发之前，他会先集中心智，不让任何事情来扰乱他，他要求提高自己的勇气和精神。一天当中的每一个目标他都快速行动，使每一分钟都不浪费掉。

而到了中午，斯通会放松下来，吃一点简单的午餐，然后又开始工作。如果是在别的城市，中午他会回到旅馆里吃中饭，睡半个小时后好像是迎接新的一天一样重新开始。然后在下午5点或5点半钟停止工作，那时就是真正的停止，他让自己完全放松下来休息，不再想推销的事。因为斯通意识到，健康才是成功的资本，一味地耗费自己的精力将会得不偿失。

集中精力持续地推销保险使斯通最终获得了成功。同样，对于我们来说：进入未知领域需要时间和精力，成功也需要时间和精力。

从起点出发

我们已经明确了时间和精力是成功公式的重要因素，也知道了坐

而言不如起而行，那么，我们应该怎样迈出成功的第一步呢？让我们来看看克里蒙特·斯通是如何从起点出发，创立他的保险王国的。

在克里蒙特·斯通自己推销保险的时候，他的收入在很多人看起来已经很高了，但他似乎总是缺钱。车子分期付款、家具分期付款、人寿保险分期付款。或许是因为斯通先买了他所需要的东西，所以必须狂热地工作来偿付这些贷款。

斯通第一次到伊利诺伊州朱丽叶城去推销的时候，当早上 8 点 30 分他到达那里时，身上只剩一毛钱。他并不担心，相反地，这却激励他更加努力工作。

朱丽叶城离他家只有 40 英里，但是他不开车而坐火车去，每天晚上住在旅馆而不回家。因为在火车上他可以休息，他知道时间和精力是成功公式的重要因素，所以为了充分地利用时间和保存精力，他已经养成了在任何时间、任何地点都能睡觉的习惯。在火车上，他就把手肘放在窗缘上，头枕在手上睡。而每天晚上斯通也不回家，因为住在旅馆里，可以节省往返所浪费的时间，这样每天他至少可以睡 10 个小时。睡眠充足，使他精神焕发，当他去推销的时候，他就能集中精神，把一切都投注在推销谈话之中。

在朱丽叶城，斯通创下了有史以来个人推销保险的最高纪录，他 9 个工作日平均每天推销了 72 个保险。其中有一天斯通推销了 122 个。那是一个重要的日子，因为在第二天早晨斯通决定开始扩大，建立一个自己的保险组织。

在卖出 122 份保险的那天晚上，斯通非常快乐，但也非常疲倦。斯通比平时更早上床，梦中他还在推销保险。而到了第二天早晨，斯通知道他自己推销保险已经达到了最高峰。

吃早饭时，斯通思索着："如果我每天都推销 122 个保险，连在梦中还推销，这对我的心智大大不利，现在该是建立一个推销组织的时候了。"于是，在朱丽叶城完成了推销工作之后，斯通就履行了对自己的承诺，立刻开始雇用推销员。

当克里蒙特·斯通这样做的时候，出乎他意料的事发生了，他发现他内心深处有一股自己不知道的力量，使他提高了视野，从而开创了一个自己的保险王国。

"千里之行，始于足下"，人生梦想的实现有赖于你勇于迈出第一步。

一张地图，无论它多么详细，比例尺有多么精密，绝不能够带它的主人在地面上移动一寸。一项法律，不论它有多么公正，绝不能够预防罪恶的发生。同样，一个成功的原则，如果不付诸实施绝不会有丝毫收益。只有行动，才是起点，才能使你的幻想、你的计划、你的目标，成为一股活动的力量。要想成功，就赶快行动起来，从起点出发，勇敢地迈出第一步！

迈进未知领域的第一步

在你的人生记录上是不是有一些想做却未曾做的事？你应该知道任何事如果不付诸行动，那么即使你已经为它做出最完美的计划，也将是一纸空文。

你会找到许多机会进入未知的领域去完成你想做或应做的事，但首先你必须迈出第一步。创造一个最好的开始不要说"我要做一名实践者！"，而是真正地马上行动起来。一个成功者伟大之处在于他的勇气，对于许多事情他可以说做就做，果断地迈出第一步。也许你会遭遇失败，但你不必灰心。你可以主宰自己的命运。顺着你的方向坚定地走下去，你就会像下面故事中的吉姆一样获得成功。

一天下午，美国意外保险公司主管唐诺·莫赫德走过华尔街时遇到他的朋友吉姆。

吉姆问道："唐诺，你知道我在什么地方可以找到一份工作吗？"

唐诺·莫赫德犹豫了一下，微笑着说："吉姆，请你明天早晨8点半到我办公室来找我。"

第二天早晨，吉姆来看唐诺。

唐诺表示，要赚取高收入并为大众服务，最简单的方法就是去推销意外和健康保险。

"可是，"吉姆说，"我会怕得要死。我不知道向谁去推销，我一生从来没有推销过一样东西。"

"你用不着担心，"唐诺回答说，"我会告诉你怎样做。我每天早晨给你5个名单。然后你当天就按我给你的名单去拜访这5个人。如果需要的话，你可以提我的名字，但是不要告诉他们是我派你去的。"

由于吉姆急需工作，因此不用唐诺多费唇舌，他就决定至少应该试一试。于是，吉姆就拿了些推销说明和指导回家研读。几天之后，他在一个早上去找唐诺，拿了5个人的名单，开始从事一种新的行业。

"昨天真是令人兴奋的一天！"第二天早上吉姆回到唐诺的办公室时，满怀热忱地说，因为他已经推销了2个保险。

第二天他运气更好，因为他在5个人当中推销了3个保险。第三天早晨他带着5个人的名单冲出唐诺的办公室，充满着活力。这些真是好现象——他拜访了这5个人，卖出了4个保险。

当这位充满热忱的新手推销员在第四天早上到办公室报到的时候，唐诺正参加一项重要会议。吉姆在接待室里等了大约15分钟后，唐诺才从他的私人办公室走出来。他告诉吉姆："吉姆，我正在开一个极为重要的会议，可能要花一个上午。你用不着耽误时间。你就在分类电话簿上找5个名字好了；过去这三天我也是这么做的。来，我来告诉你我是怎么选5个人的名字的。"

唐诺随意打开了一本分类电话簿，挑选了上面一个广告，他将刊登广告的那家公司总裁的名字和地址写了下来。然后他说："现在你试试看。"

吉姆照着唐诺的方法做了。在他写下第一个人的名字和地址之后，唐诺又继续说："记着，推销成功的关键在于推销员的精神态度。你的事业是否能够获得成功，就要看你在拜访你所选择的对象时，是不是也能培养出以前你去拜访我所指定的对象时同样的人生观。你要对自己有信心，因为你已经成功地迈出第一步，我相信你能行！"

吉姆的事业就这么开始了，而且后来大为成功。因为他认识到一个道理——无论做什么事，只要自己有勇气迈出第一步，就一定会有所成。

追求成功就像是滚雪球——雪球由山顶急滚直下，越滚越大。物质成就也是如此，你的成就越高，你对自己就会越有信心，结果也就更有成就，于是你的信心又会大增，满怀热情，生命绽放光彩，整个人充满朝气。

而一旦踏上成功的坦途，大多数人都能稳定地向前。有了好的开始，成功通常接踵而至。领悟到这一点之后，你就知道为什么必须积极地行动起来，因为迈出第一步，正是你成功地改变自己的世界的起点和原动力！

奋勇向前

为什么许多人会成功呢？因为他们向前追求一个特别的目标，不断前进，直到达到目的为止。要阻止他们是难上加难。为什么许多人会失败呢？因为他们从来就不站起来出发——他们不前进，没有克服惰性，也不开始着手。

有一个众所周知的宇宙定律：使一个物体从静止中开始运动所需的能量，要比使一个已经动的物体继续运动所需要的多。一个人即使具有强烈的欲望，但对未知的畏惧常常使他不敢开始行动，终将一事无成。而另一个人可能也很畏惧，但他还是采取行动——而一旦开始之后，他就不让任何事使他停下来。

1955年，18岁的金蒙特已是全美国最受喜爱、最有名气的年轻滑雪运动员了，她的照片被用做《体育画报》杂志的封面。金蒙特踌躇满志，积极地为参加奥运会预选赛做准备，大家都认为她一定能成功。

她当时的生活目标就是得奥运

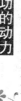

会金牌。然而，1955 年 1 月，一场悲剧使她的愿望成了泡影。在奥运会预选赛最后一轮比赛中，金蒙特因意外事故而受伤。

虽然金蒙特最终保住了性命，但她双肩以下的身体却永久性瘫痪了。而受伤后的金蒙特认识到活着的人只有两种选择：要么奋发向上，要么灰心丧气。她选择了奋勇向前，因为她对自己的能力仍然坚信不疑。她千方百计使自己从失望的痛苦中摆脱出来，去从事一项有益于公众的事业，以建立自己新的生活。几年来，她整日与医院、手术室、理疗和轮椅打交道，病情时好时坏，但她从未放弃过对有意义的生活的不断追求。

历尽艰难，金蒙特在学会了写字、打字、操纵轮椅、用特制汤匙进食后，她在加州大学洛杉矶分校选听了几门课程，想今后当一名教师。然而想当教师，对于金蒙特来说，简直是不可思议，因为她既不会走路，又没有受过师范训练。而录用教师的标准之一是要能上下楼梯走到教室，可她根本做不到。但此时，金蒙特的信念就是要成为一名教师，任何困难都不能动摇她的决心。

1963 年，金蒙特终于被华盛顿大学教育学院聘用。由于教学有方，她很快受到了学生们的尊敬和爱戴。

金蒙特终于获得了教授阅读课的聘任书。她酷爱自己的工作，学生们也喜欢她，师生间互相帮助、互相进步。

后来，由于她父亲去世了，全家不得不搬到曾拒绝她当教师的加利福尼亚州去。

金蒙特向洛杉矶的一个学校的官员提出申请，可当他们听说她是个"瘸子"时，就一口回绝了。然而金蒙特不是一个轻易放弃努力的人，她决定向洛杉矶地区的 90 个教学区逐一申请。在她申请到 18 所学校时，已有 3 所学校表示愿意聘用她。最后，金蒙特接受了其中一所学校的聘用。这所学校对她要走的一些坡道进行了改造，以适于她的轮椅通行，这样，她从家里坐轮椅到学校去教书就不成问题了。另外，学校还破除了教师一定要站着授课的规定。

从此以后，金蒙特一直从事教师职业。每年暑假里她都去访问印第安人的居民区，给那里的孩子补课。

从 1955 年到现在，很多年过去了，金蒙特从未得过奥运金牌，但她的确得了一块金牌，那是为了表彰她的教学成绩而授予她的。

每一个人都渴望成功，但在成功的背后交织着无数泪水和汗水。成功是要付出代价的，所以，当我们定下成功的目标后，便要有毅力奋勇向前，努力克服随时会来的困难，一时的失意也不必怨叹，鼓起勇气，去追求那些自己梦寐以求的事物，迈向成功就从现在开始。

追求梦寐以求的事物

在前面我们不止一次地提到过你的思想和你所说的关于自己的话，会决定你的人生观。如果你有个心愿，不要找许多借口以为自己办不到，而要找出一个理由来说服自己"一定能"办得到。

实现心愿的原则之一是一旦决定一个目标便要"行动"。克里蒙特·斯通的一段经历足可说明这一原则。

4月里一天晚上，克里蒙特·斯通去墨西哥城看望弗兰克和珂萝蒂夫妇时，珂萝蒂对他说："我真希望我们在嘉丁德尔皮利哥德·圣安琪那里能有栋房子。"（这是那座美丽的城市最受人喜爱的地区）

"怎么不买一栋呢?"斯通问。

弗兰克苦笑着说："哪有钱呢?"

"如果你晓得自己想要什么，有没有钱并没什么分别。"斯通说道，他告诉他们有许多人了解自己的目标，并相信自己一定能心想事成，然后立刻进行，最终获得了成功。

斯通还告诉他们，多年前他也买了一栋3万美元的新房子——头款付了1500美元，没多久又把所有的余款都付清了。后来，当斯通和这对夫妇告别时，把自己所著的书送给了他们，并祝愿他们早日成功。

结果弗兰克和珂萝蒂变得胸有成竹。

第二年的12月，有一天斯通正在书房里看书，忽然接到珂萝蒂的电话，她告诉斯通："我们刚刚从墨西哥城到这里，弗兰克和我要做的第一件事就是谢谢你。"

"谢我什么?"斯通问道。

"为我们在圣安琪的新房子谢谢你。"

几天以后在斯通和弗兰克夫妇吃晚饭时，斯通终于知道了他们是如何获得在圣安琪的新房子的。珂萝蒂告诉斯通："有一个星期六的晚上，弗兰克跟我在家里休息，几个从美国来的朋友打电话问我们愿不愿意开车送他们去圣安琪。

"当时我们两人都很累，何况那个礼拜稍早的时候已经送他们去过一次。弗兰克本想'求饶'的，忽然想起你书里的一句话——'帮助别人就是帮助自己'"

"在我们载着他们经过那个'人间天堂'时，我看到梦寐以求的家——甚至连游泳池都是我羡慕已久的（珂萝蒂曾是游泳冠军）。"

后来，弗兰克把它买下了。因为他想到斯通曾说过只有行动才能让目标实现。

弗兰克告诉斯通："不妨告诉你，虽然那栋房子贵到50万比索

（注：中南美诸国及菲律宾之货币单位），我却只付了5000比索的定金。我们一家人住在圣安琪的花费比原来的房子少得多。"

"真的啊？为什么？"斯通吃惊地问。

"因为我们不只买了一栋，我们买下了那块土地上的两栋房子，租出去一栋的租金就够我们应付所有的开销了。"

这个其实也没什么稀奇。一个家庭买了两栋公寓，租出去一栋，自己住另一栋也很常见。不过，对于没有经验的人来说，听了弗兰克夫妇的故事，使他吃惊的是，在了解并运用成功原则后，弗兰克夫妇竟能轻易获得自己梦想的东西。弗兰克夫妇一直希望在圣安琪有一个属于自己的家，在遇到克里蒙特·斯通以前，他们不过把这一愿望当成不切实际的梦想，是斯通使他们坚定了自己的信念，他们付诸行动，终于把梦想变成了现实。

要想得到你梦寐以求的事物，你必须绝不迟疑，马上就做。对于一个有企图心的人而言，他会立刻行动，抱着破釜沉舟的态度，全力冲刺。他知道掌握分分秒秒、懂得把握最佳时间，不会让拖延苟且影响自己的办事效率，并且能够将积极主动的思想转化为具体有效的行为，从而获得成功。

如何克服畏惧心理

在我们进入未知领域时，产生畏惧心理是很正常的，那么，应该怎样克服这种怯懦和畏惧呢？让我们来看看克里蒙特·斯通还是孩子的时候，他是如何面对这个问题的。

斯通小时候，非常胆小。家里来了客人他就躲到另一间房间去，打雷的时候他会躲到床底下。但是有一天，斯通突然想："如果雷真要打下来，我就是躲在床下或屋子里的任何地方也一样危险。"因此，斯通决定征服这种畏惧。机会来了。有一天，风雨雷电交加，他强迫自己走到窗前，观看闪电。奇妙的是，他开始喜欢观赏雷电从天空打下来的美丽景象。

人遇到新的事情，处在新的环境中时，都会感到某种程度的畏惧。如何才能克服这种畏惧心理呢？以下是斯通提醒我们应该注意的：

1. 相信就是能力，我们怎么样，事情就会怎么变。我们要想成为坚强有才干的人，就要永远记住这个成功的准则：你认为能你就能，大声地说这样的话，极力宣扬，并一再地把它注入我们的意识之中。

恐惧之所以能打败我们，使我们不敢前进，自觉虚弱渺小，那是因为我们的心智受到恐惧的左右。一旦我们无视这种危机，信心就会使我们产生一种以前一直隐藏着而没有发挥出来的超级力量，使我们做出前所未有的事来。

2．不要把自己限制在狭窄的范围内，你必须发现真正的自我。要记住，没有任何人或任何事可以击败你，只要你不被自己软弱的心智打败。

一只在养鸡场孵化长大的老鹰，一直未感觉自己与小鸡有什么两样。直到有一天一只了不起的老鹰翱翔在养鸡场的上空，小鹰才感到自己的双翼下有一股奇特的力量，感觉火热的胸膛里正猛烈地跳着。它抬头看老鹰的时候，一种想法在心中诞生："我和老鹰一样。养鸡场不是我呆的地方，我要飞上青天，栖息在山岩之上。"最后它飞上了青山，到了高山的顶峰，它发现了伟大的自己。

每个人都有创造的潜能，不论遇到什么困难或危机，只要冷静而正确地思考，就能产生有效的行动，创造奇迹。

3．你可以取得比任何已取得的成就更伟大的成就。人的本性中有一种潜在的不可征服的本质，不论遭到什么样的失败，仍能走出困境和麻烦，登上成功的顶峰。

有些人太容易接受失败，还有一些人虽然一时并不甘心，但是麻烦和挫折消磨了他们的志气，最后也就倦怠、泄气，放弃了奋斗。只

有具有坚定信心和充分勇气的人，才能历经人生艰苦的奋斗，获得最后的胜利。

正视你的畏惧，认清它的真面目，并且坚定地抗拒它。采取坚强的行动，站起来面对畏惧，下定决心，永远不让畏惧左右自己，即使在平常的生活中，也不要受畏惧的支配。

感到畏惧的时候，你就去做你害怕的事，不久你就不用再畏惧它了。

做你害怕去做的事

前面我们已经说过，当一个人突然面临新的、陌生的、奇特的和无法对付的刺激或者情况时，可能引起一种恐惧的反应。例如，来到一个新的环境，面对新的情况、新的任务，看着一群陌生的面孔，接触一些奇特的、不熟悉的事物，人们便会显得肌肉紧张，内心没底、气紧而难受、举止小心谨慎、血液膨胀、大脑空旷，浑身犹如罩在一个正在收束的网中，这就是恐惧感受。而要消除这种恐惧的感受，我们可以从克里蒙特·斯通的亲身经历中吸取经验。

克里蒙特·斯通认为，在面对未知的领域时，应有勇气做你害怕去做的事情，去你害怕去的地方。你想逃避，是因为你畏惧去做某件

事情，同时你让机会溜走了。

在斯通推销保险的头几年，当他走近银行、铁路局、百货公司或其他大型机构的大门时，感到特别畏惧。因此他就过其门而不入。后来斯通发觉，他所经过的大门都是通往成功最好的机会。因为在那些地方推销保险比在小商号推销保险更容易。在大的机构推销可以获得更大的成功，因为其他的推销员也畏惧这些地方。他们也一样经过机会之门而不入。

其实，大机构里面的经理和职员，对推销员的抗拒情绪要比小商店行号里面的人弱。在小的商店行号里，每天总会有5个、10个，甚至15个推销员敢进去推销。在这种情形下，很多经理和职员就学会了说"不"来抗拒推销员。

而在一个大机构里的人，一位了不起的人，一位成功的人，一位从基层干到上面的人总是有同情心的，他会给别人机会，他会愿意帮助其他向上爬的人。

当斯通19岁时，母亲派他去密歇根州佛林特、沙吉那和港湾市重新签订合约，并向新客户推广。斯通在佛林特一切都很顺利，在沙吉那他推销得更为顺畅，每天都推销出很多保险。由于在港湾市只有2个合约要续签，斯通便写信给母亲，请她通知他们缓一点时间去续约，好让他继续在沙吉那工作。但是母

亲却打电话来，命令斯通离开沙吉那前往港湾市。虽然斯通很不情愿。但是还是去了，因为命令总是命令。

或许是因为叛逆性，期通在到达港湾市的旅馆之后，便把那2个要续约的人名取出来，丢进五斗柜的右上角抽屉里。然后前往一家最大的银行拜访出纳，他的名字叫理德。

在他们谈话的过程中，理德拿出一块金属识别牌说："我已经买了你们的保险并且获得了钥匙链15年了。以前我在安阿博市的一家银行工作时就买了你们的保险。我最近才调到这里来。"

斯通谢了理德先生，并请他准许自己和其他人谈谈。理德先生答应了。于是，斯通让每一个人都知道理德先生已经接受了他们的服务达15年之久，结果大家都买了他的保险。

在这种动力之下，斯通继续挨店挨户地去推销。他拜访了当地的银行、保险公司和其他大机构里的每一个人。就这样斯通在港湾市的2个星期内，每天平均推销出48个保险。

无畏，是人生命经历丰富的结晶。生命越千回百转，人生越荡气回肠，实践越扎实夯厚，人的胆量就越大，人也易遇险不惊、遇难不危，即使困难重重也毫不畏惧；即使生死一线也临危不惧；即使赴汤

蹈火也面无惧色。

做你害怕去做的事，你会发现其实成功并不是很难；去你害怕去的地方，你会发现那里离你成功的目标更加接近。

用行动去创造好运

从现在起，要想实现你梦寐以求的生活，就不要再说自己"倒霉"了。对于成功者来说，世界上不存在绝对的好时机，不存在厄运笼罩的日子。他们相信所有的机会、好运都是通过自己的行动争取而来的。

二战期间，基尼·厄文·哈蒙在日本登陆马尼拉时是美国海军的文职雇员，他被俘以后在被送往战俘营之前，在一家旅馆里被关了2天。

第一天，基尼见到室友枕头下面有一本书。"借我看看好吗？"他问。这本书是克里蒙特·斯通和拿破仑·希尔合著的《成功之路·积极的人生观》。当基尼开始阅读时，克里蒙特·斯通所提倡的用积极的人生观激励自己采取行动给了他很大的冲击。

基尼在阅读这本书以前非常绝望，他战战兢兢地等着在战俘营中可能吃到的苦头，甚至于死亡。但在看完这本书以后，他的人生观有了转变，他内心重新充满了希望。他非常渴望拥有这本书，盼望在往

后的恐怖时日里随身带着它。可是当他跟室友提起心中所想时，发现这本书对于它的主人意义非常重大。

"那么我把它复制下来好了。"他说。

"好啊！尽管去做吧！"室友回答。

基尼因而开始运用做事的秘诀，他立刻动手。他用飞快的动作打字，一字字、一页页、一章章地打。他很担心这本书随时会被人拿走，因此不分昼夜地拼命赶。

幸亏他这么拼命，因为当最后一页刚打完不到1小时，敌人就把他带到恶名昭彰的"桑多拖马尸"战俘营去了。他能够及时完成要归功于他的即时开始。基尼在往后1年3个月的被俘期间，一直随身带着这本书稿。他看了一遍又一遍。它不仅供应他精神的粮食，并且鼓舞他去培养勇气、计划将来，并且保持身心健康。"桑多拖马尸"的许多战俘都因营养不良与恐惧——恐惧现在与恐惧未来，在身心两方面受到永久的创伤。而基尼却完全不同，他说："我离开'桑多拖马尸'时比关进去时更好——有更好的准备去迎接生命——在心理上更机敏。"从他的话里你可以深深"体会出"他的想法："要想成功就必须不断去努力行动，否则机会便会溜走。"

"现在"就是行动的时候。这个成功的秘诀可以改变一个人的人生

观，使他由消极转为积极，使原先可能糟糕透顶的一天变成愉快的一天。

"现在就做!"这是克里蒙特·斯通自我激励的话，它引发斯通采取行动。

从现在开始，连着几天，在每天早上和晚上，以及白天随时想到的时候，就把"现在就做!"这句话重复说 50 次以上。这样你就可以把这句话深深印到潜意识中。每次当你不想去做有益的事的时候，"现在就做!"这句话就会从你的潜意识进到你的思想之中，让你立刻行动。

当你对未知产生畏惧，但因为那是正确的事，而你又想做的时候，你就对自己说："现在就做!"然后立刻采取行动。一旦你将"现在就做"变成一种习惯，你就会化解对未知事物的恐惧而走向成功!

变不可能为可能

要想成功，你必须要有勇气去做你害怕的事，在你的生活里把"不可能"这三个字排除掉，你要相信自己一定能登上成功之巅。

如果你面对问题时受到"不可能"观念的骚扰，你可以对所谓不可能的因素展开一次实事求是、客观的研究。结果你会发现所谓的"不可能"，通常不过是源于对问题的情绪反应而已。而且你还会发现

只要以冷静、理智的态度，来审视所涉及的诸事，你通常就能克服这些所谓的"不可能"。

军事上"不可能"成为"可能"的战役屡屡发生，我们应从中有所领悟。

1939 年 9 月 1 日拂晓，德国军队经过精心准备，突袭波兰。波兰军队仓惶应战，虽有一定的抵抗能力，但因准备不足，兵败如山倒。9 月 3 日，英法两国对德国宣战，第二次世界大战从此爆发。与波兰不同的是，法国兵力强大，拥有二三百万大军和先进的武器装备，国内的经济实力也不比德国差，特别是法国还拥有一条坚不可摧的马其诺防线。为了防备德国进攻，法国早在 10 年前就精心构筑了防线，从瑞士到比利时之间的东部国境的防御体系，一直修筑了 6 年。法国当时是欧洲最大的陆军强国。

然而在 1940 年，德军绕过这条固若金汤的防线攻入法国，德国装甲师选择的一条道路，正是法国将领们认为不可能为坦克所穿过的地带。防线失去作用，结果，一个月里，法军溃不成军。

这种"不可能"成为"可能"的战例还有很多:

在第二次世界大战中，盟军选择的登陆及向德军反攻的地点是诺曼底，那里的海浪及岩石海岸使德国认为任何规模的登陆都不可能选

择在这样恶劣的地点进行。

在史称"布匿战争"之中，迦太基的统帅汉尼拔率军越过山高坡陡、道路崎岖、气候恶劣、终年积雪的阿尔卑斯山，这条道路是一条被认为不可能穿过的路径。罗马人做梦也想不到汉尼拔如此神速地出现在面前，猝不及防。

从这些战事中，我们可以受到的启发是：在成功这条道路上，布满坎坷，但绝没有不能攻克的难关。你必须有勇气面对难题，行动起来，在你的字典中把"不可能"这个词去掉，从心智中把这个观点铲除掉。谈话中不提它，想法中排除它，态度中抛弃它，不再为它提供"原料"，不再为它寻找"市场"，而用"可能"来代替它，那么，你一定会实现自己的目标！

观察之后再行动

既然我们已经知道化不可能为可能是成功的又一个方法诀窍，那么，我们怎样把握化不可能为可能的时机呢？这就需要我们细心观察。我们由观察而想出的构想，会吓人一跳，可是根据它来行动，却会带来成功和财富。这儿有一个关于珍珠的故事，主角是美国青年约瑟夫·高士冬，他曾挨家挨户地把珠宝推销给爱奥华的农夫。

就在美国经济最不景气的时期，

约瑟夫听说日本人正在生产美丽的养殖珍珠，这种养珠不仅质地好，价钱也比天然珍珠便宜。

他"看到"这是一个好机会。尽管那一年正逢经济不景气，他和妻子伊士德，仍然把所有的家当都换成现金，然后前往东京。当时他们到达日本时身上只有不到1000美元。

他们获得与"日本珍珠商人协会"会长北村先生面谈的机会。约瑟夫的理想很高，他告诉北村，他计划在美国买卖日本养珠，并要求北村给他价值10万美金珍珠的首期贷款。这个数目很惊人，尤其是在不景气之时，然而几天以后，北村却答应了他的要求。

珍珠销路非常好，几乎供不应求，约瑟夫一家越来越有钱。过了几年，他们决定开设自己的珍珠公司，在北村的协助下他们如愿以偿。这时他们再度观察到别人看不见的机会。他们由经验得知，母蚌经过人工植入异物后的死亡率高达50%以上。

"我们怎么消除这种损失呢？"他们想。

经过多方面的研究以后，约瑟夫家人开始采用医院手术室里的做法。他们把蚌壳刮洗干净，以减少细菌感染。这个"手术"是用一种液态麻醉剂让母蚌张开，在蚌里轻轻放进一粒小蛤球作为形成珍珠的核心；至于将蚌切开的工具是消过毒的手术刀。然后再把母蚌放进笼里，把笼子放回水中。每隔 4 个月便把笼子捞上来，替母蚌做一次身体检查。在运用这些技术以后，90% 的母蚌都可以存活并且长出珍珠，约瑟夫一家人因此而财源滚滚。

我们也许会接二连三地看到周围的人在学会运用心灵思考后成就非凡。而观察的能力不只是透过视网膜来接受光线的生理过程，还必须身体力行，学以致用。所以，在观察之后，付诸行动实在是太重要了，因为你一定要彻底实行，敏捷地行动起来，事情才能有所成。

行动要敏捷

一个能够享有盛名、迅速成功的人，做起任何事情来，一定十分清楚敏捷，处处得心应手；一个为人含糊不清的人，做起事来，一定也是含糊不清。天下事不做则已，要做就非得十分完善不可，不然你就一定会被淘汰。那些做起事来半途而废的人，任何人都不会对他产生信任。他开出去的借据没人愿意接受，他替人管理金钱，也没有人敢相信他，无论他走到哪里，都不会受人欢迎。

"对这个问题，我得先考虑考虑。"约翰在别人要他回答问题时，他总是这样回答。约翰要决定一件事时，总会考虑再三，人们经常怪

他处事不果断。"他总是在决定某件事情上花费很多时间，哪怕是件微不足道的小事。"他的女友这样评论他。而他周围还没有人对他有行事莽撞和容易冲动的印象。那些对他没有好感的人说他胆小如鼠，而约翰身材魁梧，从外表上看，他绝不像个胆小的人，但从心理方面来说，用胆小如鼠形容他是有几分道理的。此外，他对一些可能引起争执的事也尽量避开，怕惹是生非。

约翰在获得企业管理的硕士学位后，就在一家国际性的化学公司工作。刚开始时，他对给他的职位相当满意。因为这一职位不但薪水可观，而且晋升的机会也很大。"无须从基层一步步做起，这实在太好了，"约翰在提到自己的好运时说道，"现在给我的职位比我原先期望的要高。"由于约翰对管理有着特殊的兴趣，而他学的又是这门专业，所以，他极想使自己的一些主张成为现实。"我觉得有许多事需要我去做！"他在参加工作 4 个月后说道。

然而，约翰在这家公司工作 15 个月后，他才开始意识到自己的弱点，而这个弱点成为他事业发展道路上的主要障碍。在约翰担任新职不久就被邀请参加一个委员会，该委员会专门负责审理公司里的日常工作报告。这家公司的规模巨大，全世界都有分支机构，所以需要靠很多人的努力才能做出一份行之有

效的审理报告。

而约翰的上司在这个委员会中把约翰同其他成员做了一番比较。在开展工作计划的头几个星期，这位上司注意到约翰的工作进度比其他人要慢得多。"抓紧点，约翰，动作快一些！"他的顶头上司友好而又认真地提醒他。

然而，约翰的速度并没有因为这句提醒的话而加快，反而更加慢了。"速度，"他憎恨地说，"这里工作唯一重要的就是速度。每个人都希望你能提前完成任务。"由于工作性质的关系，约翰工作速度慢的问题致使最高首脑管理机构从全世界各地发来的报告中得到的信息往往太迟，因而使得他们不能及时地采取相应的对策。在这种情况下，人们对约翰这种行事谨慎、慢条斯理的工作方法很反感。和他同组的一位同事用带有嘲讽的语气说道："要是你有什么坏消息，并希望它像蜗牛爬行似的传出去的话，那就把它交给约翰处理吧。"

后来在这项工作计划接近末尾时，约翰忽然发起蛮劲来，竟然工作得同别人一样快，他的这一行动，使他在这些事上没有受到多大伤害。"要是我愿意，我还是能够工作得同别人一样快的，"他非常懊恼地说道，"但这并不表示我喜欢这样做。"在随后的 5 年中，他获得两次提升的机会，但上升的幅度都不大。有一次，他的上司在谈话中告诉他提升的消息后，对他说："你工作表现不错，有时是速度慢了些，但总的来说是好的。"

不管是谁，都不会信任一个做起事来拖拖拉拉的人，因为他们在精神与工作上含糊粗拙，一点也靠不住，只要一看见他那粗拙的成绩，就会想到他的为人。这些人也许在其他方面有很多优点，但由于做事拖沓，很难得到别人的赏识，他们这种做事的方法将必然影响他们的前途。而要想获得成功，就应行动敏捷，这样才能抢占先机，从而拥有更多的财富！

第七章　工作中获得满足

> 工作可以使我们远离三大罪恶：枯燥、邪恶及贫困。一旦认识到这个观点，我们就可以体会到工作的好处。
>
> ——伏尔泰
>
> 你应该选择一种适合于你个人发展的工作，选择一种使你不断进步前途无量的工作。
>
> ——富兰克林

起床工作，对你来说是一件痛苦的事吗？你每天工作是为了什么呢？有哪些人因为你的工作而受惠？社会因为你而得到了哪些改善呢？

建筑一座大楼，砌一块砖，有人认为这是天底下最差劲的事，有人认为虽然无聊，但足以养家糊口，可是亦有人认为他是何等幸运，可以参与建设一项伟大的工程。

在前面我们不止一次提到过一件事会有哪些不同的结果，完全依赖于你是用何种人生观面对，而这种人生观将会形成习惯，影响你的一生。

有一位年轻人问克里蒙特·斯通："斯通先生，我经济不能独立，向父母伸手请求接济，又觉得不好意思。想去工作，又找不到合适的，

所以我很痛苦，请您指点我。"斯通听后，跟他谈了许多，帮助他了解自己的实况，认清彷徨是其痛苦和悲哀的原因。然后，斯通协助他做计划，让他面对自己的现实，并告诉他："找工作当然是找你能做的事，同时也要找到需要你的地方，既然做好计划，就要去实践。不要挑剔、不要迟疑，现在就去做。要在你的工作中成长，累积经验和智慧。"

人生永远离不开工作，只要你活着一天就得工作，而事业有成也是成功的一种标志。人的工作态度，不能是消极的、厌倦的、好逸恶劳的，要知道工作的乐趣来自工作产生的绩效。所以，追求成功的你，请微笑着面对工作，去肯定工作的

价值。乐于工作，并发挥所长，有所建树才是真正的成功人生。

对待工作的态度

许多人也许会这样表示自己对工作的要求程度："我所要求的只是得到一份合理的薪水和一个不太枯燥的工作。"但是有些人，他们要求的不只是一份过得去的工作，而且还是一项事业———一项能使他们发挥才能并感到满足的事业。他们为自己所制定的这个目标对他们来说非常重要，其意义比他们想象的还要大。

诺娜在她26岁时，戏谑地称自己在"混日子"，而罗伯特口头上经常挂的话是"度日如年"。从这两位年轻人的言谈中可以看出他们觉得自己的工作不尽如人意，他们试图通过寻求闲暇时间的快乐来弥补工作所不能给予他们的满足感。虽然他们赚的钱非常有限，常常处于捉襟见肘的边缘，但是，他们总是把赚来的钱先支付完房租等基本生活费用后，其他的都花在衣服、电影、俱乐部、餐馆、旅游、唱片上。到了冬天，他们会外出到滑雪胜地去；而在夏天，他们又会逛游海滩别墅。他们把过多的精力和时间花在这些享乐上面，拼命追求一种物质上的满足感。然而他们赚取的金钱永远都满足不了他们的需求，那么，是

什么阻止他们获得足够的财力来保证过正常的社交生活呢？显然是他们的工作。因为只有工作才会给他们带来金钱，而只有获得更好的工作才能使他们得到更多的金钱。他们认定工作是引起一切烦恼的重要原因，这严重影响到他们自身的行为，首先是他们对待工作的态度是缺乏热情，甚至充满敌意。换句话说，他们不能以一种平和的态度来对待自己的工作。他们从内心感到自己的工作已变成一种障碍，使他们无法获得所渴求的东西。这种想法在他们头脑中不断膨胀，最后发展到憎恨自己的工作。

罗伯特把他的工作看成是束缚自己的"陷阱、牢笼"，是一种增加自己思想负担的包袱，使他在工作之余无法享受人生乐趣。诺娜在这个问题上也有同感，"工作究竟代表什么？什么也不是。它对我来说，既不能使我感到有趣，也不能给我带来任何好处。"单从他们发牢骚这一表面现象来看，我们会认为他们不过是没有得到适当的工作罢了，只要换家公司或者调换一下工作，情况也许会完全改观，但这种看法并没有找到问题的实质。实际上，对他们来说，改变一下工作环境或条件是解决不了根本问题的。调换工作同他们问题的根源并不存在任何联系，他们所存在的问题症结在于他们对待工作的态度。不管他们

调换多少工作，他们的问题依然存在。

总而言之，诺娜和罗伯特从一开始就对自己的工作缺乏应有的热情。随着时间的推移，他们对工作的态度也变得越来越冷淡。他们在参加工作的最初两年就对自己的工作产生了一种疏远感，并且以后他们的这种疏远感转而变成对工作的厌恶，这种对工作的不明智的态度导致了他们在事业上毫无成就。尽管他们俩起初都曾有过抱负，渴望在事业上有所成。然而，当他们对工作的态度从原先的冷淡转而变成长期的抵触时，他们就更加不可能享受到工作所带来的满足感。

诺娜和罗伯特对待工作的态度都是消极的，这必将影响他们一生事业的发展。要知道工作是我们生活的一部分。只有爱工作的人才能在工作中获得满足，并使自己的生活变得更加美好。

热爱你的工作

我们时常可看见那些明明有资格赚 5 000 美元薪水的人，却在赚 1 000美元元的薪水；明明资格、才干都在他人之上的人，却屈居人下，这是因为在这些人身上存在着一些坏脾气和小弱点。

有许多人不能进步，往往都因为不热爱自己的工作因而草率多误。

任何工作，一经过他的手，别人就再也不能放心，不得不再去复核一次，他做工作永远是错误多端，粗忽拙劣。

工作不认真，处处希望投机取巧，随时担心自己所耗费的精力和时间已经超过薪水的报酬；因为没有额外的津贴，便不肯多动动手，不肯多提出一些改进的意见；对同事冷淡、鄙视，常常劝他们不要白替老板效劳——这种人任凭他的学识怎么丰富，本领怎么大，也不会有出头的一日。

热爱自己的工作并且精益求精，不但可以使你的精神愉快、身强体健，还可以使你的能力迅速进步，学识也日渐充实，从而可以逐步胜任其他更重大的工作。克里蒙特·斯通曾奉劝希望成功的人们都要熟记4个字："尽善尽美"，因为这是我们一生事业成败的关键。

无论你做任何工作，万万不可想："我只要照着上司的吩咐和方法去做就行了。"你必须在那件事上竭力发挥你的才智、见解、独创力，才容易令人折服。

你应该在心中立下这样的信念和决心：从事工作时，你必须不顾一切，尽你最大的努力；你不能对工作有不忠实感和不尽力的念头，如果那样，就是减少自己有所作为的机会。

一个人假使不能热爱自己的工

作，在工作上去尽心竭力地做出努力，那他也绝不能得到最高的"自我赞许"。在一个人将他的工作看成是做苦役而感到痛苦时，他是绝不会在工作上尽心竭力地付出努力的。

在任何情形之下，都不要对工作产生厌恶。即便你为环境所迫，只能做一些乏味的事，你也应当设法从这些乏味的工作中找出有兴趣和意义的东西来。要知道凡是应当做且必须做的工作，总不能完全认为它是无兴趣和没有意义的。问题全在于我们对待工作的精神与态度。良好的精神状态，会使任何工作都变得有意义、有趣味。

假使你以为你的工作很乏味，那你的这种厌恶心理和厌倦的念头，必然招致失败。乐观的、积极的、热诚的心理，才是吸引成功与幸福的磁石。

假使你对于工作能用艺术家的精神，而非工匠的精神；假使你对于工作能带有浓厚的兴趣并且全神贯注；假使你决意去做某一件事，并且竭尽了你的全力，那么，你对工作就不会再有厌恶或痛苦的感觉。良好的精神，可以使最卑微的工作变得有意义；而不良的精神，则会使人对于最崇高的事务，也会有厌恶的感觉。

你所从事的工作，就是你的生命的石像。它到底是美是丑，是可爱还是可憎，全掌握在你自己的手中。

从事每一职务，写每一封信，出售每件商品，进行每句谈话，产生每个思想，进行每种动作，都仿佛凿子的一击，它可以美化你的石像，也可以损毁你的石像！

然而，一般人对于工作总是机械式的，既无热忱，也无生气、毫无目的，就这样随随便便地度过一生。要知道工作是可以使我们的心灵扩充，生命延伸的。

所以，不论做任何工作，都必须竭尽全力。而是否能保持这种精神，将决定一个人日后事业上的成功或失败。

只要你在精神上全神贯注，那么，你在工作上的厌恶与痛苦的感觉，就全会消失。凡是不懂得这个秘诀的人，就是找不到获取成功与幸福的捷径的人。任何工作，只要我们对它有绝对的尊崇，它就具有至高无上的神圣性。一切工作都具有神圣性，它是可敬的。凡是有利于人类的工作，没有一件是卑贱的、可耻的。

最平常的事务，只要能灌注我们的心血与热忱，都可以使它成为一种神圣与高尚的职业。成功的人都懂得从工作中看出意义和价值，从而孕育热爱工作和埋头苦干的精神，以使自己的生活更美好。

工作是人格的表现

我们应该热爱自己的工作，因为，一个人工作时所具有的精神，不但与他的工作效率与品质大有关系，而且对他本人的品格也大有影响。工作是人格的表现，是我们的志趣与理想，是一个"真我"的外部写真。看到一个人所做的工作，就如见其为人一样。

在宾夕法尼亚的山村里，曾有一位出身卑微的马夫，他后来竟成为全美著名的企业家，他那惊人的魄力、独到的思想，为世人所钦佩。他就是查理·斯瓦布先生。

当他还在钢铁大王卡内基的工厂做工时，曾自言自语："总有一天我要做本厂的经理，我一定要做出成绩来给老板看，使他自动来提升我。我不去计较薪水，只管拼命工作，我要使我的工作价值，远超乎我的薪水。"他既然打定了主意，便抱着乐观的态度，欢欣愉快地努力工作。当时恐怕任何人也料不到他会有今日的成就！

斯瓦布先生小时候的生活非常贫苦，他只受过短暂的学校教育。他从 15 岁起，就在宾夕法尼亚的一个山村里赶马车了。过了 2 年，他才谋得另外一个工作，每周只有 2.5 美元的报酬。可是他仍无时不在留心寻找机会。后来，他应某工程师的招聘，去建筑卡内基钢铁公司的一个工厂，日薪 1 美元。做了没多久，他就升任技师，接着升任总工程师。到了 25 岁时，他就当上了那家房屋建筑公司的总经理。到了 39 岁，他一跃升为全美钢铁公司的总经理。现在他已是伯利恒钢铁公司的总经理了。

想要成功的朋友，如果你要学斯瓦布先生，请记住他的成功秘诀：他每到一个位置时，从不把月薪的多少放在心里，他最注意的是把新的位置和过去的比较一番，看看是否是有更好的前途。

斯瓦布每次获得一个位置时，总以同事中最优秀者作为目标。他从未像一般人那样离开现实，想入非非。他从不会感到自己受规则的约束，并对公司的待遇感到不满。斯瓦布深知一个人只要有决心，肯努力，不畏艰难，他一定可以成为成功的人。

测验人的品质有一个标准，那就是他在工作时所具有的精神。如果他对于工作是被动的而非主动的，就像奴隶在主人的皮鞭督促下劳动一样；假使他对于工作感到厌恶；假使他对于工作没有热忱之心，不觉得工作中有一种喜悦，相反感到是在干苦役，那他在这个世界上是一定不会有所成就的。

选择你喜欢的工作

那些对自己工作喜欢的人，会努力尽他们的本分；而那些不喜欢自己工作的人，总是花许多时间和精力来蒙蔽别人，让别人看上去以为他们正在忙碌或已干完了某些事。能够从事自己喜欢的工作，是许多人的梦想。做自己喜欢的工作，让自己发挥潜能，是拥有成功人生的一个重要前提。

贝利原先在一家有 500 个职工的公司工作，后来却调到一家规模较小的只有 56 个职工的公司工作，并一直在那里干下去。

当有人询问贝利这样做的原因时，他说："以前的工作让我觉得自己像个演员在演戏，只是没在百老汇舞台上表演罢了。"

"我过去一直不明白为什么我的爸爸会忍受他那种生活，"贝利说，"我早晨起床后去上学读书，他起床后去工作。可以看出他并不喜欢自己的工作，但他仍然毫无怨言地每天坚持去上班。我对此曾困惑不解，我认为这种生活丝毫没有意义，我希望自己今后的生活变得有意义，不要像我爸爸那样！我不想步我爸爸的后尘。"

虽然贝利现在工作的纸业产品公司的业务时好时坏，但是贝利喜欢在这里工作，因为他喜欢并擅长现在的工作。

克里蒙特·斯通曾经引用 3 个经济原则为个人工作选择做了贴切的比喻。他指出，正如一个国家选择经济发展策略一样，每个人应该选择自己最擅长的工作，做自己专长的事，才会胜任愉快。换句话说，当你在与别人相比时，不必羡慕别人，你自己的专长对你才是最有利的，这就是经济学强调的"比较利益"原则。

第二个是"机会成本"原则。一旦自己做了选择之后，就得放弃其他的选择，两者之间的取舍就反映出这一工作的机会成本。你选择了自己喜欢的工作就必须全力以赴，并增加对工作的认真度。

第三是"效率"原则。工作的成果不在于你工作时间有多长，而是在于成效有多少，附加值有多高，如此，自己的努力才不会白费，才能得到适当的报偿与鼓舞。

社会上大多数人，只会羡慕别人，或者模仿别人做的事，很少有人去认清自己的专长，了解自己的能力，然后锁定目标，全力以赴。

如果你用心观察那些成功的人，就会发现他们几乎都有一个共同的特征：不论聪明才智高低与否，他们所从事的行业和职务，都是自己所喜欢的。为了自己所热爱的工作，他们随时保持积极进取的人生观，十分看重自己的价值，对目标执着，并且绝对坚持到底。

除了当音乐家、画家、运动员……这些多少必须依赖某些天赋的能力，才有可能做出一番成就之外，绝大多数成就都是可以靠后天的训练与努力得来的。

所以说，一个人的"成就"来自于他对工作专注的投入，而只有无怨无悔地付出努力，才能享受甘美的果实。

不要让人看不起

如果你已经踏入社会，并有些工作经验，你就会发现，不管在哪个行业都有一种现象：有些人总是受人敬重，有些人就是被人看不起。那些被人看不起的人也许有少数人日后会出人意料地有所发展，但绝大多数人还是不怎么样。

当你走上社会之后，工作就是你一生的重头，你要靠工作来养家糊口，要在工作中发挥才能、实现自我。因此，当你走上工作岗位之后，一定要记住：别在工作上被人看不起！被人看不起虽然不一定会影响你的一生，但绝对不是什么好事，对你也不会有什么积极的影响。

为什么有些人会被人看不起呢？克里蒙特·斯通在向自己的员工谈及这个问题时，曾总结了如下几种原因：

自己本身能力不佳——只能做

一些无关紧要的事，但也没差到必须让人开除的地步。因此，老板和同事感到此人可有可无，当然不可能重用此人了。或者在工作中你总是出错，或者犯的错误太大，让公司遭受的损失太重，这样就会让老板和同事对你失去信心，他们害怕冒太大的风险，所以只好暂时把你搁置一边！

不重视自己的工作——这种人不把工作当一回事，不但表现不积极，连犯错也不在乎，而且他总是采取一种应变的态度："此处不留人，自有留人处。"

这种人常说"这工作有什么了不起？"或是"这职位有什么了不起？"一副怀才不遇的样子。他看轻自己的工作和职务，这样他的行为就刺激了其他兢兢业业工作的同事，于是他们也就看不起他了。

浑水摸鱼——这种人机灵狡猾，看起来工作很认真，其实都是在做样子，他永远不必承担责任，但永远有好处可得。虽然能言善道，人缘不错，但实际上别人早在心里看不起他！

一般的老板，对于他们员工的品格，多半知道得很详细，他明白哪几个人是专门在寻找偷懒的机会，哪几个人只是在他面前干得起劲，一等他走开之后就丢开不做了。而一个最让老板信任的部属，无论有没有偷懒的机会或老板在不在面前，他总是能认真地工作，毫不懈怠、忠于职守。

还有许多其他的原因，导致一些人被看轻。

也许你会说，被人看轻就被看轻吧，有什么了不起的。其实被人看轻的主要不利不在于别人，而是你自己。如果你因不敬业而被人看轻，这些评语会到处传播，这对你相当不利，事态若太严重，你甚至连新的工作都会找不到，因为同行一定知道你不敬业，在一个单位，谁敢用一个不敬业之人呢？如果你不敬业，就算人们不去四处散播，那对你也没有好处，因为你无法从工作中汲取更多的经验，而一旦养成了一种不敬业的习惯，你一辈子就别想出头了！

工作上被人看不起与自己的工作能力没有太大的关系，如果你能力一般但拼劲十足，人们也还是会尊敬你。但他们不会尊敬一个能力很强，但工作态度不佳的人。如果你能力平平又不敬业，那别人肯定会看不起你，甚至会有让你卷铺盖走路的可能！

只有在工作上干出了一定的业绩，你才能建立自己的地位、声望，让别人尊敬你、礼遇你！

要有敬业精神

如果你已经选择好自己喜欢的

工作，并且意识到工作是人格的表现，你也不想让人看轻，那么你就要有一种敬业精神，这样才能将自己的工作做得更好。克里蒙特·斯通曾说过这样一句话：表面上看你是在为老板工作，但长期看来，你为的还是自己，因此你应该对工作兢兢业业。

在你的单位或其他单位，一些年老的同事可能有些感慨：现在的年轻人敬业精神不如以往，工作漫不经心，犯了错他人也说不得，要求严格了，便一走了之，而能虚心学习、苦干实干、认真负责的实在不多。

我们先不讨论这些老同事的观点是否正确，但他们所说的有一点至关重要，即一个人的敬业精神。这也是现代人应该具备的职业道德，如果你足够敬业，并且把敬业变成一种习惯，你会一辈子从中受益。

道格拉斯在来到现在所在公司工作之前曾经花了很长的一段时间，学习和研究怎样使本公司赚钱，用最便宜的价钱把货物买进。他在采购部门找到一个职位后就非常勤奋而刻苦地工作，千方百计找到供货最便宜的供应商，买进上百种公司急需的货物。道格拉斯所干的采购工作也许并不需要特别的专业技术知识（其他部门提出需要买什么，然后他只要决定到哪儿买就行了），但他兢兢业业地为公司工作，节省了许多资金，这些成绩是大家有目共睹的。在他 29 岁那年，也就是他被指定采购公司定期使用的约 1/3 的产品的第一年，他为公司节省的资金已超过 80 万美元。公司的副总经理知道了这件事后，马上就加了道格拉斯的薪水。道格拉斯在工作上的刻苦努力，博得了高级主管的赏识，使他在 36 岁时成为这家公司的副总裁，年薪超过 10 万美元。

道格拉斯的这种对待工作狂热的激情和姿态，不一定适用于每一个人，但在很多情况下，他的敬业精神是值得我们每一个人学习的。

所谓"敬业"，就是要敬重你的工作！为何要如此，我们可以从两个层次去理解。低层次来说，"拿人钱财，与人消灾"，也就是说，敬业是为了对老板有个交代。而如果我们上升一个高度来讲，那就是把工作当成自己的事业，要具备一定的使命感和道德感。不管从哪个层次来说，"敬业"所表现出来的就是认真负责——认真做事，一丝不苟，并且有始有终！

很多人都有这样的感觉，自己做事都为了老板，为他人挣钱。因此能混就混，认为公司亏了也不用他们去承担，他们甚至还扯老板的后腿，背地做些不良之事。可是，稍加理智地想想，这样做对你自己并没什么好处。工作敬业，表面上看是为了老板，其实是为了自己，

因为敬业的人能从工作中学到比别人更多的经验，而这些经验便是你向上发展的踏脚石，就算你以后换了地方、从事不同的行业，你的敬业精神也必会为你带来帮助！把敬业变成习惯的人，从事任何行业都容易成功。

有人天生有敬业精神，任何工作一接上手就废寝忘食，但有些人的敬业精神则需要培养和锻炼，如果你自认为敬业精神不够，那就应趁年轻的时候强迫自己敬业——以认真负责的态度工作！经过一段时间后，敬业就会变成你的一种习惯！

具有敬业精神，或许不能立即为你带来可观的好处，但可以肯定的是，如果你养成了一种"不敬业"的不良习惯，你的成就会相当有限，你的那种散漫、马虎、不负责任的做事态度已深入你的意识与潜意识，做任何工作都是"随便做一做"，结果不问自知。

不要做"工作狂"

你一天平均工作几个小时？8 小时、12 小时，还是夜以继日、无休无止地工作？对大多数人来说，现在拼命工作，是为了将来可以"少干活"或"不必工作"，希望有朝一日能整天游山玩水，过着享乐的日子，所以现在才努力工作。但对某些人来说，他们之所以工作，因为

他们无法从工作中自拔，离不开工作，他们就像一台高速运转的机器一样，完全无法让自己停下来。

如果你属于前者，那说明你还正常；但如果是后者，恐怕你已经对工作着魔，并犯了工作上瘾的毛病。换句话说，你已经变成了一位"工作狂"。

我们前面提到无论从事哪种职业，都应有"敬业精神"，而所谓的"敬业精神"是指以认真负责的态度工作，而不是日复一日、年复一年地超负荷工作。要分清是"你"在做"事"，还是"事"在做"你"，"热爱工作"与"工作上瘾"是截然不同的。

一个人的工作态度如果是受冲动支使，驱迫自己不停地工作，拼命追求成就和别人的赞美，就会成为工作的奴隶，而不是生活的主人，他的心理压力也会很大。心理学家把这种人叫做"工作狂"。"工作狂"的生活烦恼重重，他们除了工作之外，没有娱乐。

工作的态度是过犹不及的，强烈驱迫自己和消极倦怠同样对自己无益。因此，人不应逃避工作，而要找到适合自己能力和兴趣的工作，这样就不必承担过重的心理压力。让自己适应工作情境才能使自己的能力，得到较好的发挥。

生物学家达尔文每当研究与写作时，就告诉家人别来吵他，因为他要工作赚钱养家糊口。有一天，他4岁的孩子捧着一个储蓄罐，来到达尔文的书房说："爸爸！你不要工作赚钱了，请陪我玩，我把罐子里的钱都送给你。"达尔文听了孩子天真的话，非常感动，赶紧放下工作，陪孩子玩。达尔文是工作的热爱者，但他知道除了努力工作之外，还有更重要的事——生活。

工作是生活的一部分，爱工作的人当然也会喜欢生活，使生活变得有情趣。"工作狂"就不然了，他们依赖工作，把工作当做麻醉自己的手段，或者被工作驱迫宰制。他们看来勤奋不已，然而，一旦不工作，就会觉得自己的生活顿失重心，无所适从，甚至崩溃。

工作与成就有关，但工作的态度却决定你的人生是否成功，生活是否幸福。人当然要努力工作，但必须是热爱工作的人，而不是做一位工作狂。

英文称假期为"Vacation"，它的字源为"Vacuum"真空之意，其真正的意义是要人们改变过去长期的工作模式，让大脑休息，并且能重新充电，接受新的信息，使我们可以从桎梏中出走，以获得更大的成功！

切勿轻易转行

尽管一个人最早的择业十分重

要，但事实上，很多人的第一次择业并不理想。他们当初不是缺乏经验，就是顾虑太多，只能匆忙地找个工作。所以一些人一开始工作就干得并不那么顺心，他们埋怨自己的工作，看不起自己的领导和同事，觉得自己的工作实在没有什么熬头，再加上外部环境的诱使，于是他们便想到了换个工作，为自己寻求一个较好待遇的工作环境。

但是，转行要面临很大的风险，如果没有很大的决心和魄力，或者找不到好的时机，最好不要轻易为之。

格尔参加工作后的最初 8 年中共调换了 3 次工作，而每调换一次工作，她对工作产生的厌恶情绪也就越来越重，"这里的组织机构真是混乱极了，"她在第一个工作的地方工作时这样说，"在这里工作，我找不到自我发展的机会。"她在三个不同的工作岗位都产生过这样的感慨。她的工作调换了几次，过得也不如意。你是不是也像格尔一样，觉得自己正在从事着一个自己毫不喜欢的工作，你不想这样日复一日地受煎熬了。那么，在你转行之前，你是否考虑好如下几个方面了呢？

你的本行是不是已经没有发展前途，你是否真的不喜欢这个行业？对所要转换的行业的性质及前景，你是否有一个充分的了解？

工作时经验很重要，而经验靠的是积累，不可能速成学来，如果你转的行业与本行毫无关系，等于是把过去所累积的经验全部丢掉，那不是很可惜吗？而且当你进入一个新的行业时，你又得花很多时间从头学起，这种时间和精力的浪费相当惊人！何况还不一定学得好！

转行的风险毕竟太大，你最好要有很大的决心和魄力，否则，最好不要轻率为之，尤其不能听别人说哪个行业好，就嫌弃自己的本行，心动而又行动！这种"这山望着那山高"的心态会让你一辈子都在转行，一辈子不得安定！

如果你真的要转行，最好从老本行出发，看看与其相关的行业有哪些。等了解清楚了再转，这样可少花力气，你也许并未完全进入一个陌生的行业。有句话，"常移的树长不大"，如果你经常转行，会使自己反复陷入困境，这种得不偿失的做法将给你的一生带来很大危害，因此，在想转行之前，你一定要考虑清楚。

学会你的"工作术语"

你虽然具有行动的激励、方法诀窍和技术知识，足以在事业上获得成功，但是如果你要转行做新的工作，你就必须获得新的知识以应付改变的状况。

奥图是克里蒙特·斯通的一个

朋友，他过去在德国是一家大规模银行的高级人员，但是在纳粹当权之后，他和家人的尊严受到很大的打击，最后被关到集中营里，除了身上的衣服，一切财产都被没收了。

战争结束之后，奥图和家人来到了美国，打算让一切从头开始。奥图那时候已经 57 岁了。窘迫的环境激励他必须获得成功。他是会计和银行方面的专家，他具有知识和方法诀窍，但就是找不到工作。

奥图一连奔走了几个星期之后，他找到了一个仓库管理员的工作，周薪 32 美元。

当奥图告诉斯通他的故事时说："要想找一个会计工作——或任何工作——除了要具有这项工作的知识和经验之外，你还必须能够运用和了解其中的术语，而语言班里却没有教导这些。我在各方面都能够胜任美国的会计和银行工作，只有一项不行，那就是他们所用的术语。"于是一个星期六上午，奥图跑到芝加哥市的拉沙函授大学的校长办公室。校长了解他的情形后，表示乐意帮他。奥图离开的时候校长送给他两期基本会计课程的教材，让他自修，但没有人给他改正作业，也没有学分。奥图后来又注册了两个班，一个是高级会计，一个是成本会计，因为他知道自己必须学习美国人所用的术语。

从那时开始，奥图每天晚上以及星期六和星期天整天在家自修。阅读教材花去了他大部分的时间，但是这还不够，他还得背下专门用语。由于奥图一般的英语知识不足，背起来特别困难。

奥图的努力得到了报偿吗？当然得到了。在他开始学习之后不出几个月，他找到了一个初级会计的工作，月薪 200 美元。他工作后升得很快。正如他所说的："我发现我的工作非常有趣，而且有很多地方可以改进，因此在办公时间内办不完我所要做的事情，我需要加班去做。此外，我还参加夜间补习课程，像商业、税务、稽核以及类似课程。我的时间排满了工作，但是这些工作充满了乐趣，而且扩展了我的前途，使我像山上的溪水一样流到大河再通往大海——从初级会计到会计到财务主任、副总裁兼董事长——只在几年以内就爬升到高位。"

奥图能把一时的失败转变成永久的成功，是因为他知道什么是他所要寻找的东西，而且采取行动。他要找的是专家的工作，为了获得这种机会，他把努力集中于紧密的学习行动中。一旦他获得了知识之后，这些知识就成为了他的武器。他可以随意运用这些知识，没有人能够从他那里把这些知识拿走。

干一行，专一行

克里蒙特·斯通在给自己的员工讲述成功定律时，在做好本职工作这一点上，他反复告诫员工应干一行，专一行。的确，对于创业者来说，能够自我约束，在某一个领域有专长是成功的关键。下面这个故事中的彼得可以说正是这一原则的反例。

兴趣广泛的彼得老是与成功无缘。大学时他主修经济，毕业后在出版社任职。几年后他获得了企业管理硕士的学位。在放弃了自己创业的念头后，彼得决定为大企业做咨询服务。

为了使自己与客户都不受到约束，彼得不想把自己的咨询服务范围搞得太专门化。32岁的他大吹大擂自己什么都懂，可以提供任何咨询。这话可能没有完全说错，但是要说对所有的业务都精通，未免有点言过其实，不过，在30到40岁这个时期，显然，彼得是在拼命做尝试。

他工作勤勉，从来不谢绝顾客，以更好地为顾客服务。他聪明能干，努力工作，提供的建议总是非常中肯。更为可贵的是，他主动挖掘问题，使客户有备无患。

但是请彼得咨询的都是一次性而非长期性客户。这是什么原因呢？

有人走访了几位彼得的老客户，含蓄地提到彼得。出乎意料的是他们对彼得一致表示赞赏。大家都表示他是附近最好的顾问之一，他很好，为他们提供了许多好建议。总之大家都是这个观点，那么，为什么他们不再向彼得进行咨询了呢？

彼得自己也意识到了这个问题。由于老客户不再向他咨询，他不得不不断开发新顾客。然而他并未找到原因，以为这是顾客善于变化的缘故，是他们并不清楚自己的意图，所以在进行试验。也就是说，这次他得到了一个机会，下次这个机会就该让给别人了。然而，彼得失去客户的原因并不在此，这种解释实在是幼稚。其实，像他那样的多面手是行不通的，人们需要的是能够提供专门而又详细咨询的人。

如果有客户问彼得他最精通哪一部分业务，他的回答是"我什么都懂，包括财务、产品、行销、库存"。通过这样的自我宣传，彼得发现了许多新客户。有一次，他很快找到了一个新顾客，是做运动器材的，他们订了半年的契约。6个月后，客户对他的服务没有什么不满意，他赞扬彼得凡是能做的，已经尽力了。不过，他却没有继续签约。这完全不是客户善于变幻。事实上，这个顾客后来要求一位库存专家提供信息。他并没有对彼得反感，他只是需要获得精于彼得的咨询材料，结果"万事通"的彼得根本满足不了他的需要。

据科学家近 10 多年的研究以及对至少 350 位企管硕士的调查表明，在其他没有获得成功的企管硕士的创业过程中同样会产生彼得那样的观点与行为。他们和彼得不相上下，夸夸其谈，自称是全知全能的多面手。然而在这个现象后面隐藏着一种危机，他们没有纵深研究自己的工作范围，没有进一步提高自己专门的业务技术是最大的危机。倘若我们将企管硕士以工作范围为基础分组，每隔数年进行比较，便可发现一个令人感兴趣的现象，即：毕业后服务于大公司的企管硕士其专业服务后来往往只限于一个很小的范畴，因此他们的业务知识精湛熟练。反之，自我创业的企管硕士喜欢面面俱到，他们发挥不了自己在某一特殊领域的专长，因为并没有人要求他们这样做，然而他们自己却以为这是自己的特色之一。其实，调查表明，这是他们失败的最重要的因素。除了管理工作，其他专业的创业者的经验亦是如此。

所以，一个人要形成自己的优势，就应干一行，专一行，而当你成为所从事行业的专家时，你就具备了自己的优势。

如何尽快成为本行业的"专家"

前面我们提到在工作中，应"干一行，专一行"，那么在同样的竞争环境中，我们要怎样才能"尽快"在本行中成为专家呢？以下几点可以供你参考：

1. 选定你的行业

你可以根据所学来选，如你没有机会"学以致用"也没有关系，很多有成就的人所取得的成就与其在学校学的并没太大关系。与其根据学业来选择工作，不如根据兴趣来定。而不管根据什么来选，一旦选定了这个行业，最好不要轻易转行，因为这样会让你中断学习，减低效果。每一行都有其苦和乐，因此你不必想得太多，关键的是要把精力放在你的工作之上！

2. 勤奋苦学

行业选定之后，接下来要像海绵一样，广泛摄取、拼命吸收这一行业中的各种知识。在第五章中，我们曾经说过学习是成功的基础，而参加工作后，你可以向同事、主管、前辈请教，加班不算钱也没关系，这也是一种学习。另外可以吸收各种报纸、杂志的信息，此外，专业进修班、讲座、研讨会也都可参加。也就是说，要在你所干的这一行业中全方位地纵深发展。

3. 订立目标

你可以把自己在工作中的学习过程分成几个阶段，并限定在一定的时间内完成。你不必急于"功成名就"，但一段时间之后，倘若你学有所成，并在自己的工作中表现出来，你必然会受到他人的注意！当你成为专家后，你的身价必会水涨船高，也用不着你去自抬身价，而这也是你"赚大钱"的基本条件。因为你不一定能当老板，但有了"专家"的条件，人人都会看重你。

此外，这里我们所强调的"尽快"，并没有一定的时间限制，只是说要越早越好。2年不算短，5年也不能说长，完全看你个人的资质和客观环境。但如果拖到四五十岁才成为专家，虽不能说晚，但总是慢了些！因为到了这个年龄，很多人也磨成专家了，那你还有什么优势？因此"尽快"两个字的意思是——走上社会入了行，就要毫不懈怠、竭尽全力地把你那一行弄清楚，并成为其中的佼佼者！如果你能这么做，你很快就可以超越其他人！

只要你肯下功夫，就有可能成为本行业的"专家"，并且真正受人注意与尊重，这样自然会在你那一行中占有一席之地。

不过，成了"专家"之后，你还必须注意时代发展的潮流，并不断更新、提高自我，精益求精，否则，你又会像其他人一样原地踏步，

你的"专家"之色也会褪了。

相信帮助你的人

也许你已经依我们前面所说，选择从事一份自己喜欢的工作，并成为本行业的"专家"，但是，无论你从事任何职业，你都会遇上一些难题，需要别人的帮助。而许多有着丰富经验的人，对你的困境可以说了如指掌。他们能帮助你突出重围，再创佳绩，但如果你对他人没有绝对的信心，将他们的谆谆劝导当做耳边风，又怎能脱离你面对的难关呢？

有个青年，住在山顶。每次傍晚收工后，他都要走一段崎岖小路，才能抵达家门。

有一天，工厂赶工，他必须加班。等到收工后，已是半夜。当他在那段小路走着时，突然狂风大作，乌云密布，大地一片漆黑，四周没有一丝光亮。此刻，这个年轻人心里非常紧张，便加快步伐赶路。

然而，在仓促间，他脚下一滑，掉进了一个大洞……

就在这千钧一发之时，他奋力抓住了一根树枝，而没有被摔下。

那青年惊魂未定地往下看，看不到洞底。四周又黑漆漆的伸手不见五指。

他双手一直抓住树枝不放，担心会掉进"无底洞"。

他无数次高喊"救命",希望能碰到路人,把他救上来。

突然,他听到上面传来一位老人的声音:"年轻人,你是不是在喊救命?"

"是啊,求您老救救我!"这个人急忙答道。

"年轻人,你要我救你,你一定要相信我!"那人说。

"我相信您!"

"绝对相信?"

"绝对相信!"

"那好,放开你的双手吧!"

那青年人听了老人的话后抓紧树枝,大骂那想害他的人!他抓紧树枝拼命坚持,而就在他终于坚持不下去时,掉了下去。他心想,这下完了,还没等他叫出口,他的双脚便落在坚实的地上。

原来,他落地的地方距离那树枝几乎触手可及。

不论在何种行业,"老马带路"向来是传统。

试想在你感到茫然无助的时候,遇到一位好心人替你指点迷津,解决了你的难题,你不是离成功更近一步了吗?

如果你在工作中一直不是很顺利,表现不佳,心灰意冷,你开始想打退堂鼓,你身边的一个人却在这时候推了你一把,设法帮助你跨过门槛,重燃斗志。你是对他心存感激,还是怀疑其别有用心呢?在

你攀向事业高峰的过程中,得到有经验的人的帮助可以说是你最大的幸运!所以,不要再去怀疑别人用心叵测了,有了一双有力的援助之手,不仅能加重你的筹码,还能缩短你成功的时间。接受别人的帮助,会让你如鱼得水,加速自己事业的发展。

使别人信服自己

要想事业有成,我们不仅要相信那些肯帮助我们的人,还要使别人信服我们。在我们当中有这样一类人,他们通常都具有某些方面的才能,也能胜任他们所追求的职位。他们有强烈的显露自己才能的欲望,迫切地想发展自己的事业,时刻准备让上司提拔自己,却总是难以如愿。那么,是什么原因阻止他们达不到目的呢?原因只有一个,这就是他们无法使别人信服自己。对他们来说,这是他们必须特别引起重视的一个事业上的障碍。

"我实在不明白,他们为什么不放手让我去干!"26岁的哈特·泰勒这样说道,"我肯定能创造出奇迹,到时候他们说不定还嫌我赚钱太快呢!"

哈特·泰勒上大学时选择电机工程作为主修科目。但就哈特的抱负而言,他并不愿意做一辈子工程师,把大部分时间花在令人感到头

痛的无休止的公式计算上面。哈特生性外向，待人友善，他非常自负，深信比大多数同学更有能力，并对自己未来该走的路充满信心。哈特很想早些进入管理阶层，而他在学校以优异成绩毕业后，如愿以偿地在一家有名的金属矿业公司当见习经理。"公司里所学的训练课程同我在大学里那几年学的课程相比，简直是太简单了"，他在这家公司工作4个月后这样认为，"他们的要求不算高，但我知道这样对我达到自己的目标更有利。我相信他们是在培养我担当重任。"

在工作中，哈特希望能给人们留下一个积极向上、处事稳重的印象。"具备实力，却不露锋芒"，这正是哈特在工作上给自己订下的原则，也是他的主要处世指南。他不愿意让别人认为他是一个为了向上爬而不择手段的人。然而，也只有那些具有极大野心的人，才会这样处心积虑地掩饰自己的企图。"我尽量试图使自己表现出一副泰然自若的样子，当然我也喜欢这种样子，我想让人们知道我是经得起考验的。"哈特在这家公司工作了将近一年后以自豪的口吻这样说道，"我对自己的能力信心十足。"他确是这样认为的，这使他产生了这样一种信念，认为他能在任何混乱的局面中脱颖而出，时势造英雄，如果时机不成熟，他的本事就发挥不出。因此，哈特感到在一个管理体系完善、局面稳定的公司要比在一个局面混乱的企业更焦虑。他深信一个局面混乱的状况，哪怕是小的混乱状况，都能给他提供一个绝好的机会，用来表现自己的真正才能和本事。他的这种唯恐天下不乱的心理，促成他在以后的工作中，蓄意制造事端，造成混乱局面，以便能有机会显露自己的才华。

哈特的表现使他在公司里升迁缓慢，所以他转到另外一家公司。而这位精力充沛的年轻人，以为自己在这家新公司里能飞黄腾达，步步高升。但事与愿违，在许多方面，哈特的情况反而越来越糟，尽管哈特的希望因工作的调换而变得更加迫切，他对自己的升迁也寄予更大的期望，但他在新公司里的升迁速度却同在旧公司时一样缓慢。哈特后来又转换了好几个公司，但都没有获得高升的机会，这是为什么呢？让我们看看哈特的一位上司对他的评价：哈特是个聪明而又富于创新精神的人，可是不论他走到哪里，他都会留下一堆烂摊子。他对自己的计划从不认真仔细地推敲，只是凭空想象，随意而为。

一个人的个性不同于他的身高、体重可以一下子测量或检验出来。人的个性要是没有适当的环境，它是不会完全表现出来的。在一个使人感到不安全的环境中，人们往往会掩饰自己，不肯轻易显露自己的个性，只是在心里暗暗祝愿幸运之神早日降临到自己的头上。但是，在一个相对宽松的环境中，往往会将自己暴露无遗。像哈特这样好表现自己，却不能使人信服的个性，当然会阻碍自己的事业发展。所以，不管你从事哪一种职业，都应该脚踏实地，爱岗敬业，这样才能获得上司的赏识和信任，自然会得到提升了。

由小事可学到很多

有许多人都梦想着能在这世界上找到一个工作——一个即使拿不到任何报酬也心甘情愿为之付出的工作，但很不幸的是，这种情况发生的机会并不多。所以大多数人，越来越对自己的工作感到厌倦，进而渐渐不愿付出他们的全部力量，只要能偷懒的地方就偷懒。这种生活方式不仅会伤害到自己的形象，而且故意忽视或不认真处理这些小事，还会为其带来更大的麻烦以致阻碍进步。

老师、工人、推销员、总经理、教练、运动员、计程车司机、电梯操作员、医生、律师——不管你这一生面临的挑战是什么，不管你用什么职业来谋生，都不要忽略那些小事情。

"千里之堤，溃于蚁穴"，一件看起来微不足道的事很可能会带来很大的危害。因为一件小事而影响大局的故事有很多，下面的这个故事就发人深省。

有一家超市，生意相当红火，营业额每月以 5% 至 8% 的幅度增长。但有一个月底，财务部却发现当月营业额比上个月下降了近 10%。这是个相当严重的问题，财务部迅速将情况向总经理做了汇报，总经理又迅速召集了营销部的工作人员，责成他们立刻调查营业额下降的原因。

营销部迅速展开了市场调查。但一个星期过去了仍一无所获。后来，一名员工给总经理送去了一张报纸，营业额下降之谜才得以解开。

原来，在 2 个月前，有一名女顾客到这家超市购买生活用品，在结账的时候，她发现售货员少找了 1 元钱，但售货员坚持认为没找错，因此发生了一次小小的争执。尽管后来售货员让步了，但女顾客却认为受到了侮辱，便将此事写成一篇短文，狠狠批评了该超市的服务质量。该文刊登在当地一社区主办的小报上，而这家超市有近 1/4 的顾客来源于这个社区。

总经理立刻叫人找到那名肇事的售货员，令他惊讶的是，站到他面前的竟是一名多年来一直获得顾客好评的员工。

在交谈中，总经理知道了这位

优秀员工失职的原因。

那天上班，她和平时一样，早早起了床，吃完早饭就匆匆赶到公交车站。就在她和一群上班族奋力挤向车门时，她的鞋带突然开了，鞋子立即从脚上掉了下来。她赶紧去找鞋子。等她穿好鞋子后，车子已经开走了，于是她只好等下一班车。结果，那天她上班迟到了。当她刚刚迈进超市大门的时候，就受到管理人员的严厉批评。接下来的一段时间，她的心情一直很坏。当那位顾客对找回的零钱提出异议时，她的言语明显不够温和……

听完售货员的叙述，总经理思忖了一会儿，最后，他语气缓和却很郑重地说道："以后，请系紧你的鞋带，一刻都不要松。"

一根松散的鞋带竟引发出一次不小的经营事故，这不能不引起我们深思。在工作中一些微小的事情常常于无形中对我们产生巨大的影响。当我们抱怨生活和社会没有给予自己好运气时，其实正是我们自己懈怠了人生，忽视了身边的某些小事或者某些环节。

爱迪生曾因为不小心将一个小数点点错了位置，而失去了一个很有价值的专利权。正如富兰克林所说："只因为少了一个钉子，而失掉了一个铁蹄；只因为少了一个铁蹄，而少掉了一匹马；只因为少了一匹马，而少掉了一个骑士；只因为少

了一个骑士，而输掉了这场战役。"所以，千万不要以为你身边正发生的事是小事便忽略了它。不要吝于多花一分钟，不要舍不得多做一点点，不要马马虎虎地将你最不好的一面表现出来。这和人家会怎么看你并无关系，要紧的是，你怎么看你自己。如果你总是忽略那些所谓的小事，总是想逃避责任的话，你将永远无法有最佳的表现，你的行为方式将成为你的注册商标。你本是与众不同的，你就好好地扮演这个角色吧！

从工作中获得快乐

大多数人一生工作的目的就在于追求财富、权势、名誉，而我们很少听人说："我一生都在追求快乐。"因为，一般人总是相信，当他们得到财、权、名、利之后，快乐就随之而来了。然而，等到他们耗费毕生力气将名利追到手之后才恍然大悟，快乐非但没有来，反而换来了痛苦。

快乐的人知道，快乐是人生最重要的价值，也是一种生活的态度；而那些经常抱怨生活，或者活在痛苦边缘的人，他们羡慕别人的快乐，也希望自己活得快乐，但他们总是跨不进那扇快乐之门。

我们每天都在辛苦地工作，就是为了能过上快乐的生活，这看似

容易，却需要相当的智慧。让我们来看看克里蒙特·斯通如何帮助他的员工找到通往快乐之门的路。

斯通的公司里有一个财务主管向他请教，如何能纠正自己拖延工作进度的坏习惯。斯通帮她分析了她对老板的观感以及她对上级行使权威的想法。他们还讨论了她对工作与成就的看法以及她的工作对她的婚姻、家庭和她的心态有何影响。但这整套心理分析的过程，似乎完全不能触及问题的症结。

直到有一天，他们终于闯入了一个显而易见却一直被忽略的领域。斯通问这个财务主管："你喜欢吃蛋糕吗？"她答喜欢。斯通继续问："你比较喜欢吃蛋糕，还是蛋糕上的糖霜？"她回答："哦，当然是糖霜！"斯通又问："那么你怎么吃蛋糕呢？"她说："那还用问！我总是先吃完糖霜才开始吃蛋糕。"

于是，斯通就从她吃蛋糕的方式重新分析了她处理工作的态度。不出斯通所料，这位财务主管总在上班第一个小时内就把容易的工作先做完，而剩下的时间都用来处理棘手的差事。斯通建议她，今后要强迫自己第一个小时先处理掉不愉快的工作，剩下的时间就轻松了。

斯通解释说如果一天工作 7 小时，1 小时的痛苦加上 6 小时的愉快，显然比 1 小时的愉快加上 6 小时的痛苦划算。这个财务主管听后恍然大悟，她完全同意斯通的看法。后来她成功地克服了拖延的毛病。

很多不快乐的人，他们痛苦的来源是"把自己摆错了位置"。快乐的人非常清楚如何安排工作，不快乐的人，每天睁开眼睛总是怀疑地自问："我究竟要干什么？"

我们周围有很多人，当他们下了班之后，就像个泄了气的皮球，整个人瘫坐在电视前面，要不就是酗酒、赌博，生活得很无奈。这种人一定是摆错了位置，他们可能想赚更多的钱，想爬得更高，或者有更多的欲望，但由于不知道割舍，想要的太多，结果反而掉入痛苦的深渊。

人生的终极目标就是成功和快乐。一个失败的人生等于枉度一生，一个没有快乐的人生也等于虚度此生。从现在开始，要想追求你一生的成功与快乐，要想跨进快乐之门，你必须重新安排工作中快乐与痛苦的顺序。先面对痛苦，把问题解决，事后享受到的快乐会更大，这是唯一正确的工作方式。

第八章　神奇的力量

> 能鉴往知来的人，不会重蹈失败的覆辙，能由叶落而知秋的人，才会及时掌握形势，获得成功。
>
> ——爱默生
>
> 宇宙中的确存在着一种神奇的力量，如果你能将其掌握并加以运用，它就像火箭一样，会成功地把你发射到目的地。
>
> ——贺拉斯

能改变你事业航道的力量究竟是什么？

那是你所具有的一种力量。但是正如所有的力量一样，这种力量可为正，可为负；可为善，可为恶；可为隐藏的，也可为明显的；可为集中的，也可为分散的……一切要由你自己决定，但是你必须以正确的人生观去寻找这种力量。

励志导师拿破仑·希尔就是运用这种神奇的力量为他的书找到了适当的书名。

在拿破仑·希尔完成了他的书时，他已有一个书名：《获得财富的十三步》。不过，出版商却想要一个更具推销力的书名，他要求希尔给这本书取个能卖到百万美元的名字。他每天给希尔打电话要一个新的书名，但是尽管希尔已想了600多个不同的名字，却仍没有一个合适的。

有一天，出版商打来电话说："我必须在明天得到这本书的书名。如果你还没想到，我倒想到了一个，而且很好，叫做《运用你的头脑得到钞票》。"

"你会毁了我！"希尔大叫了起来，"你这简直是胡闹。"

"除非你在明天早上以前想一个更好的名字，否则就只好用我说的书名了。"出版商答复说。

那天晚上，希尔不停地暗示自己必须想到一个可以销售百万美元的书名。他想了好几个小时，最后上床睡觉。

大约在凌晨2点的时候，希尔醒了过来，就好像有人摇动了他一样。清醒之后，他头脑中涌现了一个句子。他跳起来走到打字机旁把这个句子打了出来，然后抓起电话打给出版商。"我想出来了，"他大声说，"一个可以销售百万美元的书名。"

希尔说的话一点都没有错。从那天开始，《动大脑发大财》卖出了好几百万本，已经变成了励志书籍的典范。

后来当拿破仑·希尔、克里蒙特·斯通跟诺曼·文森特·皮尔在纽约共进午餐时，希尔在讲完《动大脑发大财》这个书名想出来的经过后，皮尔马上就说："你给了出版商他所要的东西，是不是？'运用你的头脑'是句通俗的话，就是'动大脑'，'得到钞票'也是一句通俗的话，等于是'发大财'。而'运用你的头脑得到钞票'和'动大脑发大财'实际上是一回事。"

诺曼·文森特·皮尔的话告诉我们这样一个道理：每一个果必有一个因，而思考就是任何成功的第一个因。如果你不思考，你就不会有所得，而如果你的思考是基于不正确的前提，你仍然得不到正确的答案，每一个希望获得成功的人，都应该思考如何去获得帮助自己成功的神奇的力量。

现在，你必须为自己思考设计出成功指示器。只有你具有指导你的思想和控制你的情绪的力量，因此只有通过自我的努力，你才能有所成就。

引导指示器

你知道你业绩的前景将会怎样吗？要预测业绩前景的方法有很多，其中之一是运用"引导指示器"。

克里蒙特·斯通不仅精通保险业务，还是个有名的经济学家，他发明了"引导指示器"来预测业绩前景。"引导指示器"是指发生在某一件事之前的任何事。乌云是即将下雨的"引导指示器"；落叶提供了冬天即将来临的"引导指示器"。不管任何情形，在来临之前总会出现一些引导指示。

斯通指出，某种行业的业绩常是其他行业的指标。也就是说，这种行业的业绩常常会达到一个最高点，然后开始下降（或者是达到最低点然后开始上升），而其他一般行业的业绩随后才会出现同样的情形。

比如"耐久钢材的新订单"就是一个"引导指示器"。如果订单减少，生产就减少，随之就是裁员，所有有关的行商和个人减少支出，零售商店销售量减少，然后零售商减少订单。

像"制造业的工作时数"、"新公司行号的数目"、"股票价格"、"建筑合约"等都是其相应行业的"引导指示器"，其与"倒闭"（公司行号倒闭的数目，或更好的资料——倒闭的债务）的影响成反比。也就是说，倒闭的数目增加就是不好的征兆。

记住："引导指示器"是发生在其他事情之前的任何事。但是，你必须具有知识和诀窍来看出那些事物的意义。如果你不知道乌云先于下雨，落叶先于冬天，这些指示器对你来说就没有意义。同样道理，如果你不知道人是习惯的动物，你就不会认识到偷窃的行为能使一个人成为小偷，说谎能使一个人成为骗子，而说真话却会使一个人成为值得信任的人。

我们若很容易看出什么特点是良好品德的"引导指示器"及什么特点不是，我们就有能力去选择，以让自己成为我们所想要做的人，但要对一个"引导指示器"能够有所反应，我们就必须加以思考。

你看到某事件发生了，根据经验以及推理，你就能够以逻辑推论出将会有什么结果。但如果你没有经验，你的逻辑会基于错误的前提，结论就会错误，这就是为什么你要多听别人的经验之谈，直到你自己也有足够的经验。你可能会看到某一种结果，根据经验和推理，你会了解造成这种结果的原因。当知道这个原因之后，你就会知道这种指示器（原因）在将来会形成同样的结果。这就是"引导指示器"的妙用。

周期循环

"引导指示器"预示着事物的周期循环和趋势走向。克里蒙特·斯通第一次了解"周期循环"和"趋势走向"这两个概念是由于美国国家银行和芝加哥信托公司贷款业务的副总裁保罗·雷蒙德，送了他一本由艾德华·杜威和艾德温·戴立合著的书——《周期循环》。

斯通应用这本书中所说的原则，效果极佳。例如，当他看到他的公司业务转趋平淡的时候，他就会应用从《周期循环》这本书中所学到的一项原则：以新的生命、新的血液、新的办法、新的活动来开创一个新的趋势走向。

后来斯通成为"周期循环研究基金会"董事会的董事长，而创立这个基金会的艾德华·杜威是执行董事。

由于"周期循环"和"趋势走向"的研究极为重要，但却鲜为人知，斯通就请求杜威先生写一篇文章，以简单的语句来解释这两个名词。

下面就是杜威先生所说的有关"周期循环"的话题。

如果你仔细观察，就会注意到很多事情都有按照一定的时间周而复始地发生的倾向。

周期循环的模式一旦成立，就

有继续下去的趋势。如此一来，周期循环就可以成为相当有价值的一种预测工具。

例如，我们都知道一年四季有12个月的周期循环。如果现在是夏天，你就会知道从现在开始6个月后，天气将会寒冷而多风雪。如果现在是冬天，你就可以预知半年之后可以打网球和游泳。你这样做，就是在运用"周期循环"的知识。

当然，每一个人都知道季节的周期循环，但是，却不是所有人都知道还有其他更多的周期循环。

每一位打猎的人都知道，有些年里猎物很多，其他年里猎物却很少。然而，大部分的猎人却不知道猎物多或少的时间间隔常常是固定的，因此可以预知。赫德逊湾公司知道这个周期循环，并且运用这个知识在几年前就预测到猎获量，因而能事先做好准备。

每位渔人都知道鱼的数量因季节而有差异，这种知识可以（而且已经）被加以证实，用来计算鱼量多寡的时间长短，以精确地预测出捕鱼量。

同理，火山学家运用这种知识能预测火山的爆发；地震学家运用这种周期循环能预测——以一种非常概略的方式——地震的来临。整个科学领域都可以运用周期循环的知识来预测未来可能发生的事情。同样，你可以运用周期循环来预测你的情绪变化。

判定你的情绪周期循环

判定周期循环常常只是一种非常简单的事情。你只要看看你感兴趣的数字统计图表，就会看出主要的起伏模式。然而，要分辨出真正的周期循环和偶然的起伏却需要相当的技术。

不过，有一件事情你可以做到，那就是判定你的情绪周期循环，或者是你太太或丈夫、上级或老板的情绪周期循环。专家们早就发现人类的活动有高潮和低潮，并且有一定的时间间隔。这种定期现象并非只是碰巧而已，它可以引导我们获得更好的预测知识。

你可以照着下页的范例做一个图表。每天晚上判定你今天一天的情绪，在图表上适当的位置画上一点。最后以直线把这些点连接起来。

不久，图上就可以显示出一个模式。

这是你情绪自然起伏的节奏，一般而言，这种模式会继续下去。运用这个周期循环你可以保护自己，免得受悲观的情绪影响。

周期循环的知识对判定你的情绪起伏模式大有助益，它可以帮助你事先预测，并帮助你去改变那些可以改变的，以及遵守那些不能改变的事情。

月 份 \ 情 绪	得意 +3	快乐 +2	愉悦 +1	平常 0	不愉悦 −1	厌烦、悲伤 −2	困扰、沮丧 −3
1							
2							
3							
4							
5							
6							
7							
8							
9							
10							
11							
12							

利用新形势创造新机遇

前面我们说过克里蒙特·斯通运用周期循环的原则，在他的公司业务转趋平淡或处于不利状态时，就以新的生命、新的血液、新的办法、新的活动来开创一个新的机遇。"塞翁失马，焉知非福？"形势不如你意时，你何不像斯通一样利用现有新形势创造新机遇呢？很多人就是这样成功的。

雷昂·法克斯到克里蒙特·斯通的公司应征时，给斯通留下了深刻无比的印象。雷昂是看到斯通的招聘广告而来应征的，那时他挂着赢得人心的微笑，显得那样热忱，以至于斯通立刻就雇用了他。

雷昂原来有工作，但是赚不了什么钱。虽然他的经济状况并不怎么好，但是他却表现出健康、快乐、热忱以及成功的象征。不过在他刚开始为斯通工作的时候，他们全家——他、他太太和两个小孩住在靠近芝加哥北区的一家便宜旅馆里。他们买不起家具，也不能预付有家具的公寓租金，而且，他还积欠着旅馆费。

每天在雷昂离开旅馆后，他的太太和小孩都不敢走出房间，因为旅馆经理会把他们的房间锁起来，直到他们付出积欠的几块钱房租，才会再让他们进去。不过那天早晨当斯通面试雷昂的时候，他还能热忱地微笑着。

在斯通的公司工作了几个月之后，雷昂告诉斯通他把第一天所赚的钱都付了旅馆租金，而第二天他必须早点起来去推销，好赚足佣金来给一家人买早餐。

因为雷昂有工作的意愿，所以，没有多久他就付完了急迫的账单。4个月之后，他以分期付款的方式买了一辆车子，不出2年，他成功的表现使得斯通把他升任为宾州的推销经理。

一些来自雷昂原来所在公司的推销员在街上遇见了他，看到他一改往日面貌，就问他在哪里工作，然后他们也到斯通的公司应征。

雷昂的父亲约翰·法克斯是威斯康星州芳杜莱克市的"第一国家意外保险公司"的老板和总裁。由于雷昂曾一度酗酒，他父亲便将他赶出了家庭。而雷昂在斯通的公司工作1年后，受到斯通的影响，他决定戒酒。因为他意识到自己正处于一种新形势下，如果不好好把握，必将再度陷入困境。

雷昂成功地戒了酒。在他前往宾州担任斯通的推销经理前，他和家人开车回芳杜莱克看他的父母。他父亲看到他如何改变自己之后说："如果你能在宾州为斯通先生做好推销经理的工作，你就可以胜任'第一国家意外保险公司'的总裁。"

后来雷昂接受他父亲给他的工作，真的做了"第一国家意外保险公司"的总裁。

现在，雷昂非常富有，在工作上也表现得非常成功。从雷昂的转变中，我们可以看出，一个成功者必须善于把握新形势，行动起来，去创造新机遇。如果一味地在困厄中沉沦，终将一事无成。

运用自己的"成功指示器"

通往成功的路需要你以行动贯彻，以新的、好的习惯，取代旧的、不好的习惯。

你可能会受到激励而以行动实现你的目标，但是你可能会缺少必需的知识，或者你已经具有了这些知识，却忽视了运用时所需要的技巧，以致不能够培养出新的习惯模式。

许多成功的人都知道发展和运用自己的"成功指示器"，让自己实现愿望。你也能够为自己特别设计出一个"成功指示器"。

什么是"成功指示器"？对乔治

·席维伦来说就是他的"社交时间记录卡"。对富兰克林来说那就是一个小本子。在富兰克林自己的传记里,他写道:"我钉了一个小本子。在小本子里,我分别给13个美德分配一页。在每一页上我以红墨水画出格子,纵方向有7栏,好让一个星期每天有一栏;横方向有13行,每一行列上一项美德。我每天都进行自我检查,在哪些美德中的哪一项我犯了错误,如果有的话,我就以黑墨水在格子里打一个记号。"

这些人运用他们的"成功指示器"可能有很多目的,但其中最主要的目的就是检查自己每天的行为。

一个成功的机构通常必须定期检查整个机构的工作表现,但是个人每天检查自己的习惯的却不多见,不过这正是成功的秘诀。

你不检查则不可能有所获得。

"一年之计在于春",在一年开始时应该为你的新的一年定出计划和目标,然后每天检查自己是否完成当日的任务,并继续努力,这样就会更容易实现你的计划和达到你的目标。

按照前面所说的制定出你的"成功指示器",并加以运用,之后你就会看到确实的证明,你会看出你自己有很大的改变。试试看吧,你不会损失什么,却可得到一切。但是如果你因为惰性、漠不关心而不尝试的话,你就会损失很多,而且你永远不会知道你失去了什么。

拥有一本励志书

在前几章里,我们不只一次提到过励志书,像第六章中的弗兰克因为受到克里蒙特·斯通书的鼓舞而得到他梦寐以求的事物,基尼因为受到拿破仑·希尔的书的感染而能在监狱中保持身心健康……这些人之所以能有所作为,就是因为他们拥有了一本励志书。

1937年,克里蒙特·斯通获得了有史以来最奇特的一本书。

莫利士·毕克士是一位有名的推销专家和顾问。当他想办法要斯通买他的书,借以提供给斯通的推销员使用时,斯通拒绝了他。因为在斯通翻阅他的书的时候,认为莫利士·毕克士所卖的书一定不是自己所要的。因为这本书谈的是骨相学——研究你头上有哪些凸出来的地方、你鼻子的形状等。斯通觉得在他的成功定律之中,一个人头上有多少凸出来的地方,或者鼻子是长是短等并不重要——这些可能会骗自己。因为推销主要依赖于推销员的想法。如果某一位推销员认为,向一位长鼻子的人推销很容易,他就会向他推销——但是其实并不是那样,而是因为推销员认为他可以向那位长鼻子的人推销。

莫利士·毕克士生意没有做成,

却做了一件改变斯通一生方向的事情。他给了斯通另一本书——《动大脑发大财》，他还在书上写了一段自我激励的话。在斯通阅读《动大脑发大财》的时候，他发现书中的哲学在很多方面和他的哲学不谋而合，于是他自己也开始赠送自我激励的书来帮助别人，这在以后成为他的习惯。这本书对斯通帮助最大的一项原则是拿破仑·希尔主张的：由两个或两个以上的人在一起和谐地工作，来追求共同的目标。斯通认识到他可以雇用其他人来做大部分他现在做的工作，如此，他就有更多的时间去做另外的事。

斯通在看了这本书之后，打电话给莫利士，向他表示感谢，但是斯通觉得自己将永远不能报答莫利士赠送这本书所带给他的帮助。

因为斯通确实思考且增加了财富，他那些愿意吸收和运用原则的推销员，也都由思考而增加了财富。斯通给了他们每人一本《动大脑发大财》。很多奇特的事情发生了，在1937年美国开始脱离不景气状态，这本书激励了正在寻求财富想使事业成功的读者。斯通不论在什么时候发表演说，都会发几本《动大脑发大财》给先到的听众，和他们分享这个新的工具。

赠送自我激励的书变成了斯通的一种习惯。他每年要送3或4本励志的书给他几家公司的推销员、内勤职员和买他们保险的人。斯通也送他们励志的唱片专辑、《标竿》和《成功无限》等杂志。

很多故事显示出成功励志的书籍如何改变众人的生活，使他们走上了更好的路。

自从1937年斯通分送《动大脑发大财》这本书起，他的推销经理也开始变成了"奇迹推销员"的塑造人，他的推销员创造了非凡的推销纪录，所获得的业绩令那些没有学会激励艺术的人羡慕不已。在斯通获得了《动大脑发大财》这本书之后不出两年，他再度拥有了1000多位有执照的推销员。他的债务也还掉了，他有了一个储蓄账户和其他财产，包括一幢避寒别墅——在佛罗里达州索夫塞德的一幢现代的住宅。

所以，拥有一本励志的书，会给你带来无穷的力量，励志书将激励你前行。

一切在于你自己

现在要许下一个严肃的诺言。

自己许下诺言，你要在今天上床之前给自己设计一个"成功指示器"：

1. 刚开始的时候用铅笔和纸，等到能够发展出有效的形式以后，就可以印出来。乔治·席维伦的社交时间记录卡是印的，但是开始时

第八章 神奇的力量

只是使用一张纸；

2. 第一行应该有一句自我激励的话。你可以一段时间才换一句，但是最多不可以超过一个星期；

3. 定出一个适当的名称，例如，"我的成功指示器"；

4. 如果你觉得很难设定出一个新的设计，你可以仿照本章中所列的且你又认为合适的形式；

5. 留下适当的空白，使你能够标明某一项目标的成功或一时的失败。

6. 你可以选择一个显示相对进步的形式；

7. 列出你希望获得的一些良好的特性。建议你不要使用消极的句子，而要用积极的句子。例如，如果你的缺点是欺骗，你不要用"革除欺骗"的消极句子，而要写出"要诚实"或"真诚"；

8. 如果不给热忱之火加油，它就会熄灭，因此，你每天至少要用 5 分钟去阅读一些自我激励的书刊；

9. 在此后 30 天内，你每天至少花 30 分钟在研读、思考和计划上面——集中于自我改进——以从你的"成功指示器"中得到最大的效益；

10. 如果有一天你没有遵守诺言用 30 分钟做自我改进，你就立刻重新开始另一段连续 30 天的期间。

"成功指示器"所根据的原则，曾为成千上万运用这些原则的人带来好处，而且只有带来"好处"。这些人有著名的政治家、哲学家、传教士，以及各行各业的各阶层的人。

当你运用你的"成功指示器"的时候，你就会激励自己去达到更高的成就，革除坏习惯，而培养出好习惯。摆脱债务，储蓄金钱，获得财富、健康、快乐，并且找到真正丰富的生活。

第九章　创造积极的人生

　　要永远积极地对待人生，当你颓丧的时候就是你弱小的时候，当你勇于向命运宣战并掌握自己命运的时候，你才能成为生活的主人。

——摘自《一个艺术家的断想》

　　生活是一个宏伟的竞技场，是我们实现不断的竞争和自我超越的过程，不管我们是什么身份，做什么工作，都需要全部投入。

——赫胥黎

　　人生很像一幅画，是由一笔一笔的彩料勾勒出来的。在画家的笔下，没有一笔是虚涂的，人生正是如此，每个人都用自己一点点的生活经验，编织成人生的图画。每走一段，回首前尘，如果你走得步步踏实，处处留下愉悦，你会体验到丰富的生命足迹；即使来时路走得千辛万苦，过后仍是化作平坦绚烂的画面。

　　人活着，就会经历各种起伏，达成个人成就的秘诀即在于保持内心的平静、喜乐、关爱与自信。当你很清楚地知道自己应该如何追求目标时，即使你无法马上得到你想要的东西，但是当你敞开心怀，面对真正的自我，你就能开始享受并珍惜生命旅程中每一个独特的时刻，

你会发现，人生是否完美，要看你在追求什么。人活着就必须面对生存的种种考验，要突破许多局限，才能开展自己的人生。人必须不断学习、磨炼和成长。

　　走在人生路上，千万不要放纵、怠慢。纵容自己，就会随波逐流；而有所反省，就有中肯的回应，这是成功的关键。

　　成功的人生是由步步踏实的脚印构建而成的。不要醉心于遥不可及的目标，要着眼于现在，并展望未来。

　　如果你已经领悟到成功是一点一滴、积沙成塔而成的，就必须把握现在，步步为营。

　　你看过工匠编制竹篮子或竹篓筐吗？他们用一片片竹片，一圈一

圈地编织起来，成为美观实用的竹器。人生也是一样，是用许多奋斗、经验、智慧建构起来的。而生活经验，比工匠手中的材料要繁杂千百倍。编织人生的图案，必须有条不紊，自成理路，不发生障碍纠葛，才能完成绚烂有意义的成功蓝图。

你要相信你有力量决定你的未来、达成个人成就，而且只有你可以让自己达成目标。有了这些新的体认之后，你便可以开始解决一些阻碍成功的问题，也可以由全新的观点来检视生命中的一些体验。你将会充满信心，迈向你想追求的目标，创造你真正想要的生活。

真正丰富的生活

瞎眼并不可怕，真正可怕的是心盲，因为只有开放的心才能迎接新事物，才能看出成功的本质，并认识什么是真正丰富的生活。下面是克里蒙特·斯通的朋友讲述的一个颇具意义的故事。

"喂，杰克!"早晨7点半钟，杰克·史蒂芬士的朋友打来电话。这一通电话引发了一连串事情，改变了青年商人杰克·史蒂芬士的生活。杰克朋友的声音听起来相当严肃。他解释说："杰克，我的车子发动不起来，我没有办法去履行一项重要的约定。我答应在今天早上8点钟送一对母子到医院去。那个4岁男孩的白细胞过多症已经到了末期，医生告诉我他最多只有几天可活。你能不能帮我一个忙，把这个男孩送到医院去? 他们的家离你只有几条街远。"

到了早上8点钟，孩子的母亲坐在杰克车子的前座。孩子太虚弱了，只能躺着，头枕在他母亲的大腿上，他的小脚则放在杰克的右腿上。发动引擎以后，杰克低头看看那名小孩，那小孩也在看他。他们的眼光遇在一起。

"你是上帝吗?"男孩问。

杰克犹豫了一会，然后柔声地回答："我不是，孩子。你为什么问这个问题?"

"妈妈说上帝很快就要来了，带我和他一同去。"

6天以后，这名男孩死了，而杰克·史蒂芬士生命的航道从此被改变了。因为那男孩头枕在他母亲大腿上躺着的景象，那种无助的眼神，迫使杰克·史蒂芬士积极地推展他一生的事业，帮助亚特兰大市的男孩成为健康、高尚、爱国的美国公民。他现在是约瑟夫·怀德海男童俱乐部的主任。

杰克·史蒂芬士的故事告诉我们：每个人都具有做出善良或邪恶事情的力量。

和杰克·史蒂芬士一样，你可能也具有内心的驱策，驱策你去寻找你所认为的"真正丰富的生活"。

生活丰富的方式太多了，你可以选择你所要的最好的一种。

走出自己的路

你要选择过最好的生活，就要依自己手中的彩料，去绘构绚丽的人生。

人的一生其实很简单，那就是走出自己的路来。

要想开展成功的生涯，实现自己的抱负，获得光明的人生，必须用一种积极的人生观，努力前行。"不积跬步，无以至千里"。看清你走的路，一步一步地跨出去，这就是成功之路。

高尔夫球场上有许多传奇性的人物——杰克·尼可拉斯、拜伦·尼尔森、鲍比·琼斯、班·贺根、阿诺·巴玛等，但是无论从哪一方面来看，班·贺根几乎都可以说是数一数二的佼佼者。

贺根所得过的奖多得不胜枚举，包括 1932 到 1970 年间 254 次职业高球协会所办的比赛。在部队服役 2 年之后，贺根在 1946 到 1948 年之间，赢过 30 场比赛。但他最令人津津乐道的，则是他在 1949 年 2 月 2 日迎面被一辆巴士撞倒后，几乎当场丧命的故事。起初，医生认为他很可能无法活下去，后来又诊断他一辈子都不能再走路或打高尔夫球。但是仅仅 16 个月之后，贺根竟然参加了 1950 年全美高尔夫球公开赛，并且在这场比赛中奇迹似的获胜。

只要一提起贺根的名字，真是有口皆碑。他对高尔夫球赛的满腔热忱、努力不懈、坚定意志，以及力争上游的决心，更是受到许多人的赞叹。贺根对高尔夫球所下的研究，几乎可说是前无古人。他几乎把他所有的时间都花在球场上练习，使自己的球技更臻于完美。

你也可以像贺根一样自由无碍地去做适合你的任何正当之事，不要总是想着名誉，不必考虑别人对你的看法，人生是你自己的事，不是别人的事。

在你的一生中，一定要去完成几件你不想做，但应该去做的事；学几样你不想学，但应该去学的技能。

注意你的遭遇，它正是你人生的素材。就像冶矿一样，纯金是从矿土中炼出来的，你注定要在自己的顺逆成败遭遇中，走出光明的未来。

用微笑来迎接每一个早晨

要想创造出光明的未来，走好自己的路，你必须用微笑来迎接每一个早晨，将未来的每一天，都视为一个绝佳的时机，能让你完成昨天未竟的工作。做一个积极进取的人，将你每天的第一个小时谱下积极的主旋律，让接下来的这一整天的心情都与这个主旋律互相辉映。今天一去不会再来，不要用错误的开始，或是根本还没开始，就把这一天给浪费掉了，毕竟你不是生来就失败的。

我们中间有很多人，每天早上都是带着恐惧的心情从床上起来，生怕这新的一天会有什么事情发生，殊不知我们对早晨这几个小时的态度，足以影响到接下来的这一整天，甚至，它还会影响到我们的明天，以及所有明天的明天。

譬如，有人整天絮絮叨叨，看什么事都不顺眼，动不动就抱怨这个抱怨那个，好像所有人都做了对不起他的事；还有的人，生活漫无目标，整日无所事事，只会嫉妒别人的成就，自怨自艾为什么好运永远不会落在他的头上；此外，还有的人嗜酒如命、沉于药物、好财成性、饮食不知节制、消费成癖、纵情声色等，这些都是对自己不负责任的表现。

你应有更好的方法去生活，你应满怀希望地去面对每一个早晨。用虔敬的心去迎接这一天的来临，因为它包含着无数使你成功的机会；用笑声和爱心来问候你碰到的每一个人，不论敌友，都以温和亲切和诚恳的态度相待；充分利用这一去不回的宝贵时光，好好享受你工作上的成就感——这才是你该走的路。

永远不要因为别人泼你冷水，而害得自己一整天都笼罩在郁郁不乐的受挫情绪中。你要记住，想干鸡蛋里挑骨头的找茬行业，是不需要头脑、不需要才华、不需要人格，便能愉快胜任的。除非你自己愿意接受，不然任何外在事物都不能对你产生丝毫的影响。你的时间太宝贵了，不要浪费在对付那些卑鄙小人的憎恨和嫉妒上。你应将你那珍贵易碎的人生保护好，让它变得更加美好。

对自己负责

也许你可能会说虽然你自己也希望能以乐观的心态开始每一天，但由于大多数时候你都生活在一种个性被束缚、发展受到阻碍的不良环境中，生活在一种足以挫伤人的热忱、消磨人的志气、分散人的精力、浪费人的时间的氛围中，所以你没有勇气去斩断束缚自己的枷锁，更没有毅力去抛弃一切可以凭借的东西，而仅仅依赖自己的努力向更高远的目标攀登，你往往会不由自主地步入一种独来独往、散漫无聊的环境中，而你的志向最终会因没有活动的空间而在失望之中归于毁灭。

假使你想成就事业上的伟大，想求得自我的充分发展，你就必须首先不惜任何代价，取得自由。

阻碍着你生命中的最高、最好的东西，使其不得发挥，这种损失，将无法补偿。所以，你当不惜任何牺牲，将它发挥出来！当然，要将你生命中最高、最好的东西发挥出来，你必须经历大量的痛苦、承受常人难以想象的磨难，要向各种阻碍和困苦做不懈的斗争。要知道：如果没有经过磨琢，钻石所内含的光芒和华美是绝不可能显现出来的，而磨琢就是将钻石从黑暗中释放出来所必需的过程。

许多人都被愚昧所囚禁，他们永远得不到自由，他们的精神永远被封锁着，从不对外开放。他们没有将自己从愚昧中释放出来的勇气，于是，本可以达到优越地位的他们，就只能终身屈居下层了。还有许多人更是为偏见与迷信的桎梏所束缚，于是他们的生命越来越狭隘渺小。这类人最可怜，他们已麻木到了不知自己不自由，反而硬要说别人不自由的程度。

消除一切足以阻碍、束缚我们的东西，步入一个自由而和谐的环境中，这是取得成功的第一要素。在我们的天性中，往往有部分受到了束缚，妨碍了我们去自由地办成"原来可以做成"的大事。尽管我们为人一世也许只能做些卑微渺小的事，但假使我们能够铲除一切阻碍、束缚我们的东西，我们也能成就伟大的事业。

那些在世界上曾经成就过伟大事业的人，他们伟大的动力、宽广的心怀、丰富的经验，究竟是从哪里来的呢？成功者会告诉你，那是奋斗的结果；他们还会告诉你，他们正是在挣脱不自由、改变不良环境以及实现理想的种种努力中，使自己得到了最好的纪律训练，接受了最严格的品格修养。

有愿望而不能得到满足、有志向却被窒息，这最使人丧气。它会削弱人的能力、消灭人的希望、破灭人的理想，它会使人们的生命成为一种空壳，一张无法兑现的支票。

在一个人还没有将他生命中最高、最好的东西发挥出来，没有将他的天赋才能充分展现出来以前，他的生命不可能是幸福快乐的，不管他的处境怎样。

一个享有自由的普通人，可完全胜过一个处处受束缚的天才。

在今天，有许多人本来可以指挥别人的，现在却处处受制于人，就因为他们被债务、不良的交际及种种不良习惯所束缚，以致失去了表现能力的机会。

不管待遇怎样优裕、报酬怎样丰厚、地位怎样高不可攀，你千万不可以去从事一种妨碍你自由、光明磊落地做事的事业，你不应当让任何顾虑钳制你的行动！你应当将自由、独立作为你神圣不可侵犯的权利，只要这样，任何顾虑都不能使你放弃你所从事的事业。

一个本来有所作为的人，一旦他丧失了行动、言语与信仰的自由，那么这个损失是用什么也补偿不了的！一个本来可以独立自在、昂然坦荡过生活的青年人，却落得卑躬屈膝、仰人鼻息、阿谀谄媚地度过一生，这种损失难道是金钱能够补偿的吗？

所以说一个人该尽的责任是对自己负责，而不是对别人负责。给自己一个充分发展的空间，摆脱一切束缚，这样你才是自由的，才可能不断进取。

珍惜所有

人生真正的挑战不仅在于对自己负责，得到你所追求的事物，还要珍惜你所拥有的一切。很多人都知道如何获取自己想要的东西，但是东西到手之后，他们却不再享受所得。这些人永远不知满足，总觉得还有什么东西没到手。他们对自己、人际关系、健康状况或工作总觉得不满意，仿佛生活中总有那么一件事情，让他们感到忧心忡忡。

有一次影星苏菲亚罗兰遗失了心爱的首饰，遍寻未着后，她难过得痛哭失声。这时她的朋友告诉她："千万不要为不会为你流泪的东西而难过哭泣。"苏菲亚罗兰为这句话猛然觉

醒。她意识到自己不能再为失去的而悲伤，珍惜现在才是最重要的。

"珍惜所有"是一种习惯，这种习惯让我们知道现在的一切，都是过往的淬炼，它让我们富足，让我们的心灵有了坚强的堡垒，不畏惧短暂的险阻，有了更宽广的视野，敢于翱翔于万里晴空。

如果你想得到渴求的事物，同时珍惜所拥有的一切，你就得学会这个秘诀：不管外在环境如何，你必须先珍惜自己、让自己快乐、对自己有信心，这样一来，当你达到更高的物质成就时，你会感到更快乐。你必须先学习珍惜自己所拥有的一切，等你知道自己想要什么之后，物质成就将会恰如其分地随之而来。

珍惜会让你勇敢。
珍惜会让你自由。
珍惜会让你快乐。
珍惜会让你善良。
珍惜会让你奋进。
珍惜会让你果断。
珍惜会让你谦逊。
珍惜会让你友爱。
珍惜会让你无悔。
珍惜会让你富有。
珍惜会让你成功。

你也能创造奇迹

奇迹在字典中的定义是："某种

美好而能超过一切的品质。"积极思想之父诺曼·文森特·皮尔在《创造人生奇迹》一书中说过，奇迹是某种超过已知的人力或自然力的事，它还有"可以产生奇妙、了不起或不平常效果"的意义。这种心智的品质具有创造不可能事物的能量，具有相信没有任何事情更好的能力。当一个人期望奇迹后，他的心智就会立刻进入这一情况，开始促使奇迹发生，他不再消极，他的本能就会积极投注在问题上，就会释放出心智中本有的创造力。生活不再是涣散，而是凝聚。期望不利，就会赶走吉利；而期望吉事就会吸引吉事，所以我们应该以积极期望代替消极期望。

凯西·贺华斯与玛蒂娜·纳拉提诺娃交手之际，实在没有任何理由可以获胜。因为凯西在全世界排名45，玛蒂娜则排名首位。在1981年这一年之内，玛蒂娜没有输过任何一场球赛，而且已经连赢36场。1982年，玛蒂娜的纪录是赢球90场，只输过3场，而且她的对手都是世界上数一数二的高手，例如克里斯·爱佛特·洛伊德及潘·史利佛。何况，凯西·贺华斯只有17岁，又是第一次处于6万名观众在现场观看比赛的压力之下。

这种比赛经常是新手先发制人，这一次也不例外，凯西在第一局以6：4领先。第二局中，玛蒂娜全力还击，以6：0的绝对优势获胜。第三局的比赛真是旗鼓相当，当双方以3：3的比数相持不下时，最关键的一球由玛蒂娜发出，观众们以为玛蒂娜必将获胜，然而万万想不到的是，完全居于劣势的凯西竟然赢了这场比赛。赛后，当有人问凯西她采取的是什么策略时，她的回答是："我一心一意只想赢球。"

凯西的这句话带给我们无限的深思，有太多人打球时只要不输就好，凯西·贺华斯却一心一意只想赢球，希望你和我也都能以她为楷模。

你要想梦想成真，首先给自己一个希望，期盼奇迹，并且保持你对这种奇迹的感觉向前行进。

创造奇迹不只是要有梦想，还要看你平时的想法、工作以及坚持继续下去的情形。动脑筋思考、工作，以正确的人生观待人处事，付出你所有的一切，你就会发现自己正做着最令人惊异的建设性工作。

你要继续探寻存在于你内心还没有展现出来的极为了不起的潜能，用科学的、有效的方法找到自己内心储存的丰富潜力。

你要一直去寻找更好的办法，这办法能改变你的一生。别让一个又一个的"理由"把你自己头脑中的主意扼杀掉。

你要知道，你自己就是一个奇迹，相信你可以使奇迹发生。

记住：奇迹是由相信他们行他们就行的人创造出来的。不相信奇迹会发生的人注定创造不了奇迹。信心加上美好的梦想，再加上认真地工作，这就是奇迹创造的过程！

让好景更长久

在这个世界上，到处有人固执地认为，即使自己能创造出奇迹，好景也不会太长，不是这里有问题就是那里出毛病，这种想法是完全错误的。

克里蒙特·斯通手下有一个员工本来工作得好好的，一切都很顺利，可是他总是去想："我现在是有工作没错，可是谁知道能持续多久？"果然没多久，他就丢了工作。他的日用品的账单积了一大沓，下个月的房租也没着落，眼前一时还找不到别的工作；这个时候，他的小孩又生病了，他自己也跟着病倒，一大笔医药费无法报销，还有家里的各种开销都在等着他。他住进了医院，住院费更加使他的生活狼狈不堪。所幸后来他又找回了工作，开始偿还积欠的债务，就在一切慢慢恢复正常，钱也还得差不多的时候，又有事情来了……所以，几次类似的经验使这个人对所谓"好景不长"的想法深信不疑。

在这段困难重重的日子里，他发现自己已经被这种挫折感以及失败思想弄得不知所措，他从来没有认真想过，当然也因为没有人教他怎么想，他根本无从学会如何独立思考问题。

斯通在知道这名员工的境遇后，找到他，和他进行了一次长谈。斯通告诉这名员工，他有他的"钻石矿"，只是他还没有发现这个宝藏；他那种贫乏、消极的思想如果仍然一成不变，那么他的处境也就无从改善。他的种种挫折皆起因于他想法的错误，如果他先前能确认世界上任何美好的事都可以长久，他就不会受这么多苦，他也就能坦然安于人生的顺境，不会时时庸人自扰。

这名员工听了斯通的话后，思想彻底改观，他了解到：根本就没有任何无形的力量企图来加害他，破坏他的幸福。于是他重新投入生活，生命展开了新的一页，他体会到：所谓破坏的阻力根本就不存在，如果有这种东西的话，那就是他自己没有做好选择。一旦他认识了这种看似平凡，其实威力十足的力量，他的人生完全为之改观。

人心很容易被种种烦恼和物欲关锁捆绑，但都是自己把自己关进去的，是自投罗网的结果。

人很容易作茧自缚，执着于自己主观的经验，而不肯接受新的事物。把自己困在情绪的死胡同里，每天愁眉不展，自讨苦吃。特别是多愁善感的心态，简直让许多人陷在不能自拔的心灵苦狱之中，自我折磨。

人免不了要遇上无法挽回的悲痛，也许是感情破裂，也许是亲人骨肉离散，也许是事业破产，但要记得看开它。只有肯看开它，随它去，你才有心情重振雄风。

要保持积极的人生观，要保持那些能激励你而不会伤害你的想法，只有这样，生活才会变成你所选择、所希望的那样。

成功的蓝图

怎样才算是"成功"呢？恐怕没有一个人能一下子全面地回答这一问题。

有些人羡慕他人的成功，因为他们拥有自己的豪宅、汽车和金钱。这就是"利"上的"成功"，也是最为一般人所肯定的"成功"，而绝大部分人每天追求的也就是这种"成功"。

另外一种成功是"名"上的成功，像政府官员、著名演员、社团负责人等。这种"名"也是很多人追求的，因为一旦有了"名"，"地位"也会随之高升。

前面我们说过，人被物欲所牵，就等于被罗网所系，而执迷于名利和野心，就无异入自己于牢笼。

欲望和野心，会催促着人们想要占有更多名利。而人一旦陷入野心的沟壑，就爬不出来，成为物欲的囚徒，失去开放自由的心情，即使你拥有许多名利，也一样快乐不起来。但是人们只要想到拥有，无论是名是利，总是多多益善。事实上，野心越大，失去的自由也越多。

有一位面包师傅，他手艺很好，每逢有朋友去看他，他总是很得意地介绍他做的面包。朋友问他为什么不自己开家面包店，或是到大饭店去，他说："这个地方可以让我自由发挥，而且听到客人称赞我的面包好吃，我就感觉很爽！"

这位师傅与足以令人"尊敬"的"名"和"利"的成功离得很远。在世俗的眼光里，他是个小人物，谈不上"成功"，但在他自己的世界里，他成功了，因为他的自我得到了满足！

没错，人需要的正是这种"自我满足"，也就是做自己喜欢做的事，过自己喜欢过的生活，并从中获得满足，这就是成功！换句话说，在名利场中获得满足是"成功"；在平淡生活中获得满足是"成功"；在服务他人的工作上获得满足是"成功"；在专业领域上获得满足也是"成功"！这种"成功"是由自己判定，而不是由别人打分数的！

"怎样才算是成功？"这个问题的答案都在各人的心中。不过，绝大多数人在初入社会时都不能体会到这一点，看到别人有"名"有

"利"便眼花缭乱，不能自己，一头撞进去，非撞得满头包不能醒悟。

一个人成功应由自己来判定，而不是由别人来衡量，否则，那就是别人的成功了。

你给自己的人生描绘的是一幅什么样的"成功蓝图"呢？

外在成功的错觉

当你审视自己的"成功蓝图"时，你有没有发觉自己存在着一种外在成功的错觉呢？当我们不快乐时，总以为"得到更多"会驱除内心的痛苦，但结果往往不是如此。一旦我们将不快乐的原因归咎于"得到的不够多"时，这就是一种对外在成功的错觉。

"想要得更多"是人类的天性，每个人的灵魂、思绪、心灵与感官都有这样的欲望：我们总追寻更高的精神境界、更多的新知识、更多的爱，或是更多的感官享受。

我们总希望在感情生活中多增加一点爱情，也希望在工作方面得到更多成就；我们总希望活得更富足、更进步、更快乐，这些都是自然的心态，并没有错。但是，我们必须先摆脱外在成功的错觉，而努力追求个人成就。

有一位星运亨通的美国喜剧泰斗，举世闻名，家财万贯，但最近却在一次访问中坦承他从不觉得他的成功靠得住，他说："我有一种感觉，有一天早上，当我一觉醒来时，我会发现一切成空，然后有个人会对我说：'朋友，你的一切都成了过去啦！'"所以，即使已经年过60了，这位演员仍然在戏院、夜总会不停地演出，这位喜剧泰斗完全陷入一种外在成功的错觉。

追求外在成功的人相信，除非得到更多，否则自己不会快乐。以下是一些常见的例子：

"我要赚到100万才会快乐。"

"我要把账单付清之后才会快乐。"

"我要等我的太太改变之后才会快乐。"

"我先生变得殷勤一点我才会快乐。"

"我找到更好的工作后才会快乐。"

"我减肥成功之后才会快乐。"

"我事业成功之后才会快乐。"

"我受到重视或尊重之后才会快乐。"

"生活太紧张让我不快乐。"

"事情太多让我不快乐。"

刚开始时，这种错觉似乎真的有效，但是过不了多久，我们又会觉得不开心。于是就像往常一样，我们相信更多的物质成就会驱逐痛苦，带来喜悦。然而很不幸的是，每一次希望借由外在成就来寻求满足时，我们不但感受不到平静与幸福，内心深处反倒觉得一片空虚。

换句话说，如果你缺乏个人成就，更多的物质财富只会为你带来不安。你可以得到自己想要的东西，同时又能持续珍惜已经拥有的一切。衡量个人成就的标准并不在于你是谁、你拥有多少财富，或是你有多高的成就，而是在于你对你自己、你的成就和所拥有的一切，到底感到多满意。因此，虽然个人成就操之在己，但是我们必须明确知道，自己究竟要的是什么，以及为什么要追求这样的成就。

我们必须抛弃"凡事以物质成就为主"的想法。如果我们达成目标，却还是觉得不满足，达成目标有何意义？如果你得到了一直想要的东西，却不懂得珍惜，得到这个东西有何意义？如果你家财万贯，却不喜欢自己，百万家产有何意义？所以，为了追求真正而永恒的快乐，你必须在想法上做个微小却重要的转变，也就是将"追求个人成就"视为首要的目标。

你若出卖自己，以换取物质成就，无论得到多少，你永远不会满足。你必须重新检视生活，寻求不同的感情支持，借此重获心灵的平衡。寻求个人成就永远不嫌迟，不管你有多高的物质或精神成就或是两者皆无，你随时可以有个全新的开始。

要知道何时该"放弃"

要摆脱外在成功的错觉，你必须知道何时该"放弃"那些对你来说已经没有意义的东西。"工欲善其事，必先利其器"，聪明的工匠是绝不肯使用已经损毁的工具的，天底下找不到一个理发匠能用迟钝的剃刀去求得生意的发达，也找不到一个木匠能用迟钝的锯子、斧子去求得工作的精良！

"试着向每一个人推销"是克里蒙特·斯通母亲给他的指示。起初斯通很坚持照着做，他赖在每一个人面前不走，直到对方烦得要命，而在他离开之时，自己也累垮了。后来斯通意识到出售这样低价的服务，必须在每小时推销出更多的保险才能赚到应有的回报，因为他不可能每天在一个地方都推销出足够多的保险。

因此，斯通决定并不一定要向每一个他拜访的人推销保险。如果推销的时间超过预订的期限，他就转移目标。为了使别人快乐，他会很快地离开，即使他知道如果再磨下去对方很可能会买自己的保险。

奇妙的事发生了，斯通每天推销保险的数目开始大增。有些人本来以为他会磨下去的，但当他愉快地离开之后，他们反而会追到另一间办公室来找他，并且说："你不能

第九章　创造积极的人生

这样对待我。每一个推销员都会赖着不走，而你居然不再跟我说就走了。你回来给我填一张保险单。"此外，由于斯通没有为任何一个人累垮自己，他就有更多的热忱和精力向下一个人推销。

斯通所学到的原则很简单，即疲劳无助于工作，这个原则在第三章中的"健康是成功最原始的资本"中我们已经说过。不要把你的精力耗得太多，免得用完了你的体力。当身体因休息而重获精力时，神经系统活跃的程度也会提升。

如果我们把自己逼到极限，各种负面情绪便会油然而生，这意味着我们再也感受不到内在潜能。不过，此时若能退一步想，放松自己的身心，成功自然随之而来。

假使有一个人，蓄有一水池的宝贵生命力，而他却在蓄水池上到处钻凿孔洞，致使池中的生命力流尽。对于这个人，我们将作何感想？而事实上我们大部分人都是这种做法！我们本来蓄有一大池的生命力，但由于我们的不谨慎、不留心与无知，大部分的生命力都从漏洞中流走！

我们时时刻刻都在浪费我们的精力，摧残我们的生命力，因而折损了我们成功的可能性。但我们竟还要诧异，为什么自己不能取得成功！

如果你有志于成功，你就必须摒除一切足以摧残你活力、阻碍你前程、浪费你精力、折损你生命资本的东西。凡是足以减低你的活力、减少你成功机会的事，你都不应当去做，不应当去接近。你应当常常这样质问自己："做这件事，能够增强我的能力，有益于我的事业吗？"

人生的红绿灯

有许多人，不愿意放弃那些无益于自己的东西，他们开口闭口都在抱怨生活中的种种苦难、折磨，对他们而言，人生似乎是极大的问题，且让我们以极普通、实际的方式来探讨一下这种人生观。

有一天《成就的动力》的作者约翰·葛瑞博士和他女儿茉莉开车回家，当他们碰到红灯时，茉莉问父亲为什么他们总碰到红灯。约翰回答说："我们来做个实验，看看整条路上是不是都是红灯。"

后来当他们开车在一条街上行驶时，他们发现其实绿灯比红灯多，只不过碰到绿灯时，他们总是快速通过，可是一旦碰上红灯，却要等上很久，因此在等待的过程中，他们总觉得红灯特别多。

在人生的旅程上我们也是经常忽略了绿灯，而专注于红灯。

你希望从生活中获得什么？如果你能够实现愿望，也拥有了所想要的一切，你会生活得舒舒畅畅吗？

很多人想不通，为什么人生旅

程中四处都是红灯。他们认为不是社会不公平，就是命运的安排。在此种人生观下，他们不再相信自己有能力达成心愿。

你必须多注意生命中的绿灯，珍视每天的成就，同时心存感激，这样你才会对自己有信心，才能营造你想过的生活。

这样，当人生的旅途中处处都是绿灯时，你不会在乎偶然出现的红灯。而随着想象的逐一实现，你对人生的态度也将大为改观，你对自己也会越来越有信心。在人生的旅途上，你看到的不再是红灯，而是绿灯；你想到的不再是敌人，而是你所关爱的人；你不再沉溺于得不到的东西，而是珍惜现有的一切；你不再专注于过去所犯的错误，而是着眼于未来；你不再留在原地踏步，而是把握良机，昂首前进。

鼓励自己战胜困难

人一生之中，应经常自己鼓励自己，给自己足够的勇气去战胜困难，并获得成功。

一个拥有积极人生观的人面临严重的问题时，会自己鼓励自己，紧要关头特别如此——尤其是生死存亡之际。澳洲昆士兰邦的罗夫·卫波纳就是这样，他曾经是克里蒙特·斯通的"PMA，成功之道"课程的学生。

一天凌晨1点半，在一家医院的小病房里，两个看护守着罗夫。前一天下午4点半时，他的家人接到紧急通知，要他们尽快赶到医院。等到他们到达病房时，罗夫已经因为严重的心脏病而昏迷不醒。

到了晚上，昏暗的病房里两个护士忙成一团，她们每人守着罗夫的一只手腕——想要探出一点脉搏，因为罗夫已经昏迷不醒6个小时，而医生觉得已经尽了人事，因此转身去看别的病人了。

然而罗夫虽然既不能动也不能说话，也没有感觉，却听得见两个看护的说话声，昏迷期间他偶尔还可以清楚思考。他听见一个护士紧张地说："他没有呼吸了！你能不能感觉出心跳？"

回答是"不能"。

他一遍又一遍地听到这种问答："你现在能不能感觉出心跳？""不能。"

"我很好啊！"他想，"我得告诉她们才行，我得想个办法告诉她们才行。"

当时他觉得这两位看护好像上了他的当似的，挺好玩的。他一直在想："我确实很好，死不了的，但是要怎样才能通知她们呢？"

他突然想起自己在克里蒙特·斯通的成功课程上所学过的那句座右铭："相信自己能，你就办得到！"

于是，他开始奋力睁开眼睛，

但他越用力越睁不开，他的眼皮就是不听指挥。他又努力动一动胳臂、腿和头，却根本没有一点感觉。他接二连三地用力睁开眼睛，最后终于听到下面这句话："我看到他的一只眼皮在跳——他还活着！"

"我一点都不怕，"罗夫后来康复后说："而且还觉得很好玩。其中一个护士每隔一段时间对着我喊：'你还在吗？卫波纳先生，你还在吗？'我就用力地眨眨眼睛告诉她们我很好——我还在。"

罗夫在不断的努力下睁开一只眼睛，然后两只都睁开了。这时医生赶了回来，和护士合力把他抢救过来。

在罗夫垂死之际真正帮助他脱离险境的是自我鼓励："只要相信自己能，你就办得到"——这是他从"PMA，成功之道"课程中背下来的一句话。

你不能总是依赖别人的鼓励来产生勇气和力量，因为你未来的路还会有许多坎坷，可不一定每一次你低潮的时候，都会有人来鼓励你！因此，遇到低潮时，你要有战胜困境的决心，这是自己鼓励自己的先决条件。同时你要告诉你自己：我一定要走过这个低潮，我要做给别人看，向所有人证明我的坚韧与毅力！换句话说，你要为自己争一口气，不要被别人看轻！

要自己鼓励自己，让勇气和力量在心中产生，好比自己钻了一眼泉孔，泉水源源涌出！任何时候，任何状况，你都可以自己取用！

隐藏的宝藏

我们每个人都有能力开拓自己的潜能，获得更多的成就。不幸的是，我们很少有人知道怎样拓展自己的智慧、才能和创造力等宝藏。前面我们不止一次说过，我们的能力通常只发挥了一小部分，因为我们的能力有很大一部分处于潜在状态有待开发。然而，我们怎样去开发这种创造力？该从什么地方着手呢？

我们对自己一生中希望获得什么成就，都充满幻想。但是，我们又不敢去实现我们的幻想，而是用一些借口说服自己放弃那些幻想。其实，你能够学会怎样开拓自己的潜能，使自己发生很大的、积极的改变。

100多年前，美国费城6个高中生向他们仰慕已久的一位博学多才的牧师请求："先生，您愿意教我们吗？我们想上大学，可是我们没钱。您既高尚又有学识，您会答应我们这个请求的，是吗？"

这位博学的牧师名叫拉塞尔·康韦尔，他收下了这6个贫家子弟做学生。他暗自思忖："一定会有许多年轻人和他们一样，想上学但付不起学费。我应该为这些年轻人办一所大学。"

于是，他开始为筹建大学募捐。当时建一所大学大概要花150万美元，这是一笔相当大的开支。

康韦尔四处奔走，在各地演讲了5年，为筹建大学募捐。可他辛苦了5年，收集到的钱却不足1000美元——离建一所大学所需的钱还差得很远。

康韦尔深感悲伤，情绪低落。直到有一天他看到下面这个故事：

有个农夫拥有一块几英亩的土地，靠着辛勤耕作，日子过得很不错。他曾听说，如果在一英亩土地下面埋有钻石的话，那只要抓一把就可以富得难以想象。于是，农夫把自己的地卖了，离家出走，四处寻找埋有钻石的地方。他走向遥远的异国他乡，但最终未能发现什么钻石宝地。这样一晃15年过去了。最后，他囊袋空空，一贫如洗。一天晚上，他在西班牙贝卡罗尼海滩绝望地自杀了。

而那个买下这个农夫土地的人在田地边散步时无意中发现一块石头，亮晶晶的，耀眼夺目。他仔细察看，发现原来是一块钻石。就这样，在农夫为寻钻石而舍弃掉的土地下面，新主人发现了前所未有的最大的钻石矿藏。

康韦尔认为这个故事非常令人深省，他意识到财富只属于自己去发掘的人，财富只属于依靠自己土地的人，财富只属于相信自己能力的人。于是，他就以"钻石宝藏"为题开始演讲。他讲了7年，7年中，他赚得800万美元，这笔钱大大超出他建一所大学所需的数目。

今天，一所康韦尔出资兴建的大学矗立在宾夕法尼亚的费城。这便是著名学府坦普尔大学——它的建成只是因为一个人从一个普通的故事中得到了某种启迪。

钻石宝藏的故事告诉我们生活中一个最大的奥秘——你拥有自己的"钻石宝藏"。你身上的这些钻石宝藏就是你的潜力和能力，它们足以使你的理想变成现实。

你身上蕴藏有多少"钻石宝藏"呢？

正如成功学大师戴尔·卡耐基所说："几乎人人都有很多尚未发掘出来的潜能。你也许有学问，有正确的判断力，有优秀的推理能力，但是除非你知道如何将自己的心，放入思想和行为之中，没有一个人——即使包括你在内——会晓得你是这样。"所以你应该更有效地利用你的"钻石宝藏"，使自己的人生放出异彩。

生活的目的在于生活本身

你认为在生活中什么才是成功？什么会使你感到欢愉和满足？"当一个人了解到生活的目的不是物质利

益，而是生活本身的时候，他就不会再只注意外在世界。"伟大的法国科学家阿勒克西士·卡罗尔在他所写的《人生的回顾》一书中如此说。

克里蒙特·斯通认为每个人在早年就应该决定，如果有一天似乎不值得活下去时该怎么办。而斯通早就有了决定：如果有一天他的生活对他不再有价值，它至少对别人还有价值。

不论遭到任何精神或身体的痛苦灾难，也不论这些痛苦或灾难是多么的严重，都可以因为帮助别人而获得满足，使大部分的不幸化解掉。这正是你值得活下去的理由。

如果你看过詹姆士·莫那汉所写的《在我永息之前：汤姆·杜利医生最后的日子》这本书，或许你已经认识到这一点。

年轻的汤姆·杜利医生受到可怕病痛的煎熬。他知道他在世的日子寥寥可数了，但是他一心要照顾成百上千住在亚洲和非洲泥土茅屋中的病人，这一生活目标驱策着他。他相信生活的目的在于生活本身，为了要帮助别人活下去，他自己也奋斗着活下去。

他重视每一个小时，因为他正在争取活着的时间。他几乎以超人的意志驱策自己，写文章、演讲、募集金钱供给"医药救济组织"使用，因而扩大了他工作的成效。"医药救济组织"是他建立的，专门提供医药给世界上贫困的人。这个组织到现在仍然会收到大量的捐款，以继续汤姆·杜利的工作。

成功胜于失败，值得你竭尽全力去奋斗。你能够成为战胜逆境、克服困难、学会如何冒险的英雄，而且最后品尝到此中甘甜！

在你所处的环境中，你能够得到的比你想要的还多，你能够得到更大的收获！不管你有什么理想，不管你想要在什么领域出人头地，要想成功，关键不在于你的用武之地是大是小，要看你怎样去干！

不论你是负责一个有几千员工的工厂，还是只管你自己，你都能够对自己的家庭生活、邻居生活以及同事和朋友的生活起积极的作用，最重要的是，你能够积极主动地决定自己的生活道路。

要学会做一个成功者，一开始就要使你自己相信：不管你的社会地位高低、收入多少，也不管你的天赋如何、受过什么教育，你都能够——

⊙成为你非常欣赏的那种人。

⊙使你所处的那个小天地发生改变。

⊙越来越有创造革新精神。

⊙正确地做到既待人热忱又办事果断。

⊙使你的日常活动充满欢乐。

⊙得到你所看重的人对你的赏识和赞许。

⊙提高你的韧性和活力。

⊙充分发挥出的个人价值和力量。

不管你衡量成功与成就的尺度是增强自信心、提高威望和自我的评价，或是得到别人更多的称许，还是名声、智慧、金钱；不管你内心深处埋藏的是什么样的希望和抱负，如果你能清醒地意识到自己所追寻的生活的真正目的，那么，你就会心想事成。

只有你知道什么会在自己的心中激起波涛，什么能够使你露出笑容，使你的生活更有意义；只有你自己能够做出是否成功的最准确的判断。

今天比明天更好

你有没有过这样的经历：小时候念书，参加过无数次考试，从月考、期末考到模拟考，每当你拿到全班成绩单，看到自己的名次时，都会觉得热血沸腾、掌心冒汗。在名单上名次前三名的总是同样的人，吊车尾的亦是原班人马。你的父母和老师总会根据你的成绩好坏来评价你的能力。但是，现在你已经是一个独立的人了，凡是任何人加诸你身上与人比较的话，都可以将它抛开！即使你分数很差，考过鸭蛋，被留级了 2 年，都已经成为过眼云烟，现在你要关注的是如何让今天的日子过得比昨天更好！

一位寿险业务员，去拜访一位客户，在这之前的 13 次他都被客户拒绝。在第 14 次走到客户的办公室门口，业务员开始犹豫了，是要再鼓起勇气进去呢，还是干脆放弃算了？

办公室里，一位老板心里想着，这个年轻业务员真有耐心与毅力，我已经拒绝他 13 次了，可是他的决心让人感动，如果下次他再来，我应该感谢他，更应该完全信任他！

后来，这个业务员终于走了进去，没多久，他带出来一笔生平最大的保单。所以说，成功需要付出代价，每一分的付出都有可能让自己柳暗花明，这不是运气，而是坚持与岁月的累积，是一种努力使今天比昨天更好的信念的支撑！

现在，就是你重新开始的一天，好好地和自己比一比！

我比昨天更快乐吗？

我比昨天更知道如何与人相处吗？

我比昨天学习到更多的知识吗？

我比昨天的我更有毅力吗？

我比昨天的我更愿意为自己负责任吗？

我比昨天的我更知道健康的重要吗？

我比昨天的我更了解习惯对我的影响吗？

通过这一系列的比较，你会更加清楚地认识自己，它会成为使你明天成功的起点。